豆包

人人都能上手的AI工具

何华平　编著

人民邮电出版社

北京

图书在版编目（CIP）数据

豆包：人人都能上手的 AI 工具 / 何华平编著.

北京：人民邮电出版社, 2025. -- ISBN 978-7-115

-66281-1

I. TP18

中国国家版本馆 CIP 数据核字第 20257EG002 号

内 容 提 要

本书全面系统地介绍了字节跳动旗下 AI 智能助手——豆包的使用方法，涵盖注册登录流程及基本操作要点，并通过丰富多样的学习、工作、生活等场景的应用实例，如化身学习小能手、担当高效职场助手、呈现精彩模拟人物互动等，充分展现了豆包的强大效用。此外，还深入介绍了豆包智能体及其应用实例，以及豆包 App 的注册/登录方式和便捷功能。

随书赠送学习资源，包含 50 个高效提问公式，40 个深度提问模板、100 个豆包智能体模板、100 个控制答案风格提示词模板、100 个控制答案质量提示词模板及 300 个提示词（学习、工作、生活方面）模板，供读者使用。

本书为读者全面了解和熟练使用豆包提供了极具实用性的指南，无论是在学习中助力知识获取，还是在工作中提升效率，抑或是为生活增添便利，豆包都能成为贴心的私人助理，引领读者步入人工智能新时代。

◆ 编　　著　何华平
　　责任编辑　王　冉
　　责任印制　陈　犇

◆ 人民邮电出版社出版发行　　北京市丰台区成寿寺路 11 号
　　邮编　100164　电子邮件　315@ptpress.com.cn
　　网址　https://www.ptpress.com.cn
　　雅迪云印（天津）科技有限公司印刷

◆ 开本：700×1000　1/16
　　印张：11.5　　　　　　　　2025 年 3 月第 1 版
　　字数：278 千字　　　　　　2025 年 5 月天津第 5 次印刷

定价：59.80 元

读者服务热线：(010)81055410　印装质量热线：(010)81055316
反盗版热线：(010)81055315

前言

在这个飞速发展的时代，科技的进步如同汹涌的浪潮，不断冲击着我们的生活。人工智能，这个曾经只存在于科幻小说中的概念，如今已经走进了我们的日常工作与生活。而豆包，就是这个智能时代的一颗璀璨明星。

我们生活在一个信息爆炸的时代，每天都面临海量的知识和繁重的任务。在学习上，我们渴望有一个高效的助手，能帮助我们快速理解知识、激发创作灵感……；在工作中，我们期盼有一位智能的职场伙伴，提高工作效率、助力营销、充当投资顾问……；在生活里，我们希望有一个贴心的私人助理，为我们规划旅游路线、推荐美食、指导生活……。这是我们的需求，也是我们在这个快节奏时代所面临的痛点。

而豆包恰好满足了我们这些迫切的需求。本书将带你深入了解这个神奇的智能伙伴。

第1章从人工智能的发展历程说起，让你了解这个领域是如何一步步走到今天的；带你探索人工智能的核心技术，了解人工智能应用的5个层级，你会惊叹于科技的强大力量。而豆包大模型，则如同开启了一扇通往智能新时代的大门。

第2章是豆包使用指南，详细介绍了豆包的注册与登录方法，即使你是科技"小白"，也能轻松上手。豆包的基本操作简单易学，让你能够迅速掌握这个智能工具的使用方法。

在第3章中，豆包化身为学习小能手，无论是解答难题还是激发写作灵感，都游刃有余。它还可作为绘画小助手为艺术爱好者带来新的创作灵感。在教育培训方面可为学生和教育工作者提供有力的支持。

在第4章中，豆包成为高效职场助手，让你的工作事半功倍。在智能营销方面可为企业带来新的发展机遇，作为商业投资顾问可提供专业的分析建议，作为求职招聘助手可帮你找到理想的工作，作为代码编程帮手可为程序员减轻负担。

在第5章中，豆包精彩模拟人物互动让你的生活充满乐趣。生成酷炫歌词让你一展音乐才华，为你推荐美味佳肴，为你定制旅游路线，为你的日常生活排忧解难，扮作专业评论大师让你在各种场合都能发表独到见解。

第6章介绍了豆包智能体及其应用实例，让你进一步领略豆包的强大功能。

第7章则专门讲解移动端豆包App的注册与登录、语音输入、拍照识别、写作、听音乐和创建智能体等便捷功能，让你随时随地享受智能服务。

读完本书，你将收获一个全新的智能伙伴，它将陪伴你在学习、工作和生活中不断前行。无论是解决难题、提高效率，还是增添乐趣，豆包都能发挥巨大的作用。

别再犹豫了，快加入豆包的智能世界吧！让我们一起开启智能新时代，享受科技带来的美好生活。相信本书会成为你在智能时代的全能指南，让你爱不释手。

目录

第 1 章　豆包——你身边的智能伙伴

第 2 章　快速上手——豆包使用指南

第 3 章　豆包应用实例——学习篇

第 **4** 章 豆包应用实例——工作篇

第5章　豆包应用实例——生活篇

第6章　豆包智能体——"术业有专攻"

第7章　豆包App——您的贴心私人助理

第 **1** 章

豆包——你身边的智能伙伴

在科技日新月异的当下，人工智能已悄然渗透到我们生活的方方面面。你是否曾对这个神秘领域充满好奇？它是如何诞生、发展，并一步步改变世界的？这一章将为你开启一场关于人工智能的探索之旅，从它的发展历程讲起，到核心技术剖析，再到应用层面的展示，全方面地展现人工智能的独特魅力。而我们的主角——豆包，作为一款先进的智能语言伙伴，即将在这个舞台上大放异彩。它背后蕴含的强大技术力量，以及它在众多领域的卓越表现，都将在接下来的内容中逐一揭晓。让我们携手揭开人工智能的神秘面纱，共同感受豆包所带来的非凡智能体验。

1.1 解密人工智能发展历程

1.1.1 人工智能的真面目

人工智能（Artificial Intelligence，AI）已经成为现代社会不可或缺的一部分，它通过强大的计算能力和算法来改变我们的生活。AI可以学习、理解并解决复杂问题，它不仅仅是一个数据存储工具，更像是一台具备学习能力的机器。

例如，当我们向AI展示大量图片并告诉它哪些是猫、哪些是狗时，AI会通过学习这些图片的特征，逐步建立起分类标准。它能够从大量数据中总结规律，并在面对全新图片时迅速判断其分类。这一过程类似于人类的认知过程，只不过AI能够以极快的速度处理信息，并在短时间内做到高精度的判断。

更值得关注的是，AI不仅能够处理简单问题，还能够应对复杂的挑战。通过海量数据的分析，AI可以在交通领域优化路线，在医疗领域协助诊断。例如，AI可以通过分析交通流量和道路情况，为用户提供最优的出行方案；AI可以通过分析患者的症状和医疗记录，为医生提供辅助诊断建议，帮助做出更准确的治疗决策。

AI的核心在于它能够从不断更新的数据中学习，类似于我们学习新知识的过程。它通过复杂的算法和模型，不断改进自己对外部世界的理解，并随着数据量的增加，逐步优化自身的表现。

1.1.2 人工智能的发展历程

人工智能的历史可以追溯到人类文明对机械和智能机器最早的构想。古希腊神话中的机械人塔罗斯、中国古代鲁班的木鸟，这些传说展现了人类对超越自身能力的追求。然而，这些机械装置只是幻想，真正的智能机器是在现代科技的发展中逐步形成的。

中世纪的发明家们通过制造简单的自动化机械装置，如自动玩偶和机械钟，为现代自动化技术的发展奠定了基础。这些机械装置虽无法冠以"智能"的名号，但它们展现了自动化思维的萌芽。随着时间的推移，到了工业革命时代，机械制造技术有了质的飞跃，机器开始能够完成复杂的重复性工作，但这些依然只是按照预定程序运作，缺乏智能决策的能力。

人工智能的真正转折发生在20世纪中叶，电子计算机的诞生为人工智能的发展提供了必要的硬件基础。1950年，艾伦·图灵提出的"图灵测试"为人工智能设立了目标：如果机器能够通过对话让人类无法分辨其与人类的区别，便可称之为智能。这一标准激励了科学家们对人工智能的研究。1956年达特茅斯会议上，"人工智能"这一术语正式诞生，并成为独立的学科领域。

尽管初期的人工智能研究受到计算能力的限制，但科学家们没有停止探索。20世纪80年代，专家系统的出现使得人工智能能够在特定领域展现智能，尽管其局限性显著，但也标志着人工智能应用的首次成功。随着互联网的普及和计算能力的提升，人工智能技术逐渐向数据驱动和机器学习方向发展，计算机通过分析大量数据提取出规律和模式，实现智能化处理。

进入21世纪，深度学习技术的兴起推动了人工智能的飞速进步。通过构建多层神经网络，计算机能够处理高度复杂的任务，如语音识别、图像识别和自然语言处理。深度学习技术不仅让计算机能够像人类一样学习，还让其具备了处理海量信息、从中找出隐藏模式的能力。如今，人工智能正在多个领域深入应用，从智能助手到自动驾驶，从金融风险控制到医学影像分析……人工智能的能力和影响力都在持续扩大。

如图1-1所示，人工智能的发展历程是曲折的，也是不断进步的。从最初的机械装置到如今的复杂算法，人工智能的发展轨迹展示了人类在追求智能自动化方面的持续努力。随着计算能力的进一步提升和数据资源的不断丰富，人工智能将在未来的更多领域实现突破。

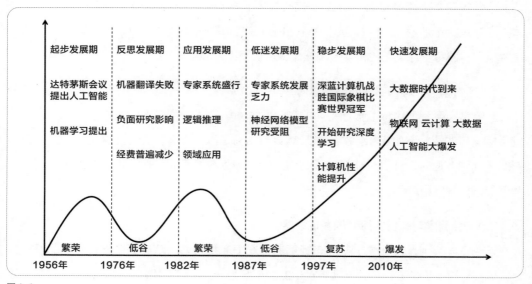

图1-1

1.2 探索人工智能的核心技术

人工智能的核心技术犹如一个复杂且多样化的知识宝库，主要技术脉络如图1-2所示，每一项技术都是解锁智能世界的关键。下面将逐步探讨这些技术的本质与其在不同领域的应用。

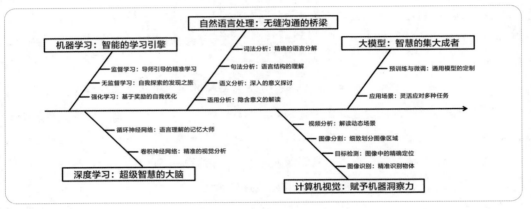

图1-2

1.2.1 机器学习：智能的学习引擎

机器学习是人工智能最为基础的核心技术，类似于一个具有自我学习能力的"智能体"，通过大量数据来训练模型，并逐渐提升其理解和分析能力。机器学习可以分为三大主要类型：监督学习、无监督学习和强化学习。

1. 监督学习：导师引导的精准学习

监督学习是一种由标注数据指导的学习方式，类似于学生在老师的指引下学习。计算机会根据标注数据（如猫和狗的图像及其对应的标签），逐步学会区分这些类别。当面临新的未标注数据时，计算机能够基于之前的学习经验准确判断。这一技术在图像识别、语音识别等领域应用广泛。

2. 无监督学习：自我探索的发现之旅

无监督学习则是让计算机在没有标签的情况下自我学习，从数据中发现隐藏的模式。计算机会通过分析数据特征，自动将相似的数据归为一类，这在用户行为分析、聚类分析等领域应用广泛。通过无监督学习，企业可以识别客户的消费模式，为精准营销提供依据。

3．强化学习：基于奖励的自我优化

强化学习是让计算机在与环境的交互中，通过奖励与惩罚逐渐优化决策的过程。计算机会通过不断试错来找到最优策略，特别适用于游戏、机器人控制和自动驾驶等场景。在这些应用场景中，计算机会根据不同的行为结果（如奖励或惩罚）调整策略，以实现最优目标。

1.2.2　深度学习：超级智慧的大脑

深度学习是机器学习的一个分支，通过多层神经网络结构，让计算机能够从复杂数据中自动学习出高阶特征。相比传统的机器学习，深度学习具有更强的表现力，在计算机视觉、自然语言处理等领域得到了广泛应用。

1．卷积神经网络：精准的视觉分析

卷积神经网络能自动提取图像的特征，并用于识别图像中的物体，主要用于图像处理领域。在人脸识别、物体检测领域中，卷积神经网络展现出了卓越的性能。例如，卷积神经网络能够通过大量人脸数据的训练，准确提取人脸特征，实现身份识别。

2．循环神经网络：语言理解的记忆大师

循环神经网络擅长处理序列数据，尤其在自然语言处理和语音识别中表现出色。循环神经网络通过"记忆"输入的历史信息，能够逐词翻译或生成文本。其在机器翻译、自动摘要生成等领域，提升了文本处理的连贯性和准确性。

1.2.3　自然语言处理：无缝沟通的桥梁

自然语言处理是让计算机能够理解和生成人类语言的核心技术。通过自然语言处理技术，计算机不仅能够处理简单的对话，还能理解文本的深层含义。

1．词法分析：精确的语言分解

词法分析是自然语言处理的基础步骤，计算机会将文本分解为单个词语，并标注词性（如名词、动词）。这为后续的句法和语义分析提供了支持，帮助计算机识别文本结构和语言模式。

2．句法分析：语言结构的理解

句法分析通过识别句子中的主谓宾结构，帮助计算机理解句子的基本含义。例如，它

可以区分主语、谓语和宾语的关系，确保计算机理解文本的逻辑和与上下文的关联。

3．语义分析：深入的意义探讨

语义分析进一步理解文本的深层含义。例如，"银行"既可以指金融机构，也可以指河岸，而语义分析能够根据上下文判断具体含义。

4．语用分析：隐含意义的解读

语用分析用于理解语言背后的意图。例如，一句简单的"今天天气真好"，通过语用分析，计算机会推测出说话者可能暗示出门活动或其他潜在含义，更好地理解对话背景。

1.2.4　计算机视觉：赋予机器洞察力

计算机视觉让计算机能够"看见"并理解周围的视觉信息，成为现代自动化系统的重要组成部分。

1．图像识别：精准识别物体

图像识别技术让计算机能够自动识别图像中的物体，如车辆、行人、动物等。在安防系统和电子商务中，图像识别技术能够有效提升图像数据的处理效率。

2．目标检测：图像中的精确定位

目标检测是计算机视觉中用来找到图像中的物体并确定其位置的技术。在自动驾驶中，目标检测用于检测道路上的行人、车辆等，为汽车行驶提供安全保障。

3．图像分割：细致划分图像区域

图像分割技术将图像分割成不同的区域，帮助计算机更好地理解图像内容。在医学影像分析中，图像分割用来将不同的器官和组织分离，辅助医生进行诊断。

4．视频分析：解读动态场景

视频分析技术通过分析视频中的动态信息，能够识别人物的行为、物体的运动。在智能监控中，视频分析技术可以检测异常行为，确保公共安全。

1.2.5　大模型：智慧的集大成者

大模型是人工智能领域的前沿技术，基于海量数据和计算资源，具备强大的学习和推理能力。它们在多个领域展现了卓越的应用效果。

1．预训练与微调：通用模型的定制

大模型通常通过预训练学习广泛的知识结构，然后通过微调适应具体任务。在自然语言处理和图像处理领域，这种技术广泛用于提高模型的通用性和精准度。

2．应用场景：灵活应对多种任务

大模型的应用涵盖了从文本生成到图像分类等多个领域。例如，在文本生成任务中，大模型可以根据输入主题生成高质量的文章；在计算机视觉中，它能够实现高效的图像分类和目标检测。

虽然大模型展现了强大的能力，但它也面临计算资源需求大、可解释性差等问题。未来，研究人员将继续探索如何优化模型性能、提高训练效率，并扩大其应用领域。

1.3　人工智能应用的5个层级

人工智能正迅速改变世界，广泛应用于从日常生活到高端科技的各个领域。为了更好地理解人工智能在不同场景中的应用，我们可以将其划分为5个层级，这些层级展示了人工智能技术发展的路径，并揭示其在各个领域的实际影响。表1-1总结了这5个层级的特征和应用实例。

表1-1　人工智能应用各个层级的特征和应用实例

层级	名称	特征与描述	应用实例
L1	工具软件层	人类独立完成工作，人工智能仅为工具形式，效率低，易出错	Excel在财务管理中辅助计算，Photoshop在设计中调整图片
L2	聊天辅助层	人工智能通过提供信息和建议协助人类，但无法直接执行任务	学生用人工智能查询历史背景，营销人员用人工智能获取受众信息
L3	协同工作层	人工智能生成初稿，需人类优化，适用于创意和专业领域	程序员用GitHub Copilot辅助代码编写，人工智能写作辅助生成初稿
L4	智能代理层	人工智能在目标设定下独立完成大部分工作，人类监督结果，适用于复杂任务	人工智能项目管理自动分配任务，金融人工智能根据市场数据提供投资建议
L5	完全智能层	人工智能完全自主，无须人类介入，适用于高度复杂的任务	自主太空探测器设计，智能医生进行自动诊断与治疗

第一个层级是工具软件层，人工智能仅作为辅助工具，如Excel或Photoshop，能够完成基本操作，而不具备独立解决问题的能力。这一阶段的人工智能主要用于提升人类的操作效率，但任务的分析、决策仍然由人类主导。

随着技术的进步，人工智能进入聊天辅助层和协同工作层。在这两个层级中，人工智能能够为用户提供信息、建议，或生成初稿，让人类完善成品。举例来说，人工智能可以为用户提供历史事件背景，帮助营销人员获取受众信息，或为程序员和作家提供初步内容框架。通过人机合作，人工智能大幅提高了内容创作和知识获取的效率，在复杂任务中也能展现较强的辅助作用。

当人工智能进一步升级到智能代理层时，它能够独立完成大部分工作，人类仅需设定目标并监督结果。此类人工智能适用于项目管理、投资顾问等场景。

完全智能层尚未实现。在此层级下，人工智能将能够完全自主地完成任务，如自主设计探测器或完成全自动诊疗，这也是人工智能应用的最终目标。

1.4 豆包大模型：开启智能新时代

豆包是字节跳动于2023年推出的AI产品，是国内最活跃的AI平台之一。不同于传统的聊天类AI产品，豆包定位为综合性AI智能体（AI Agent）平台，拥有更广泛的应用场景和更强大的能力。

作为一款先进的语言模型，豆包集成了深度学习算法，具备强大的语言理解和生成能力，在复杂应用场景中有出色表现。无论是回答问题、提供建议，还是进行文本创作，豆包都展现了卓越的智能水平。它能够对文本进行全面分析，准确理解用户意图，并给出合理、精准的回应。

1.4.1 模型类型的多元与卓越

豆包大模型的多元化体现在其支持的多模态技术上，涵盖语言、语音、视觉等领域，展现了卓越的跨行业应用能力。它不仅能够进行高质量的文本生成和理解，还可以处理语音识别、图像分析等任务。通过灵活的架构设计，豆包大模型适用于不同的应用场景和行业需求，如在金融、医疗、教育、文化创意等领域提供定制化解决方案。其多样化的模型类型确保了用户在复杂环境下的多元需求能够得到精准响应，如表1-2所示。

表1-2　豆包系列模型功能特点及应用场景

模型	特点与功能描述	主要应用场景
豆包通用模型 Pro	处理长达128KB的长文本，具备深度理解和生成能力，支持复杂逻辑推理和分析	学术研究、商业分析、创意写作、专业报告
豆包通用模型 Lite	高响应速度和低成本，适合生成基础内容，快速应对实时需求	客户服务、实时通知、轻量级内容生成
豆包·角色扮演模型	个性化互动，高度上下文记忆，适用于角色扮演和虚拟互动场景	虚拟主播、社交陪伴、角色对话
豆包·语音合成模型	生成生动的语音，准确表达情绪变化	语音助手、有声读物、虚拟角色语音
豆包·声音复刻模型	5秒内实现声音克隆，支持跨语言转换	语音定制、跨语言交流、国际化企业沟通
豆包·语音识别模型	高精度语音识别，支持多语种，低延迟反馈	语音输入、智能家居控制、实时语音指令
豆包·文生图模型	根据文字描述生成匹配图片，擅长中国文化风格创作	广告设计、文化创意、品牌推广
豆包·图生图模型	保留原图特征，进行风格转换、扩图和重绘	图片编辑、创意设计、图像风格转换
豆包·Function Call 模型	自动识别功能调用和参数提取，调度复杂工具	自动化流程、工具调度、复杂任务处理
豆包·向量化模型	从海量文本中提取关键信息，支持知识检索和管理	知识管理、信息检索、文档归类与分析

1.4.2　场景示例与实际应用

　　豆包大模型的实际应用范围非常广泛，通过字节跳动50多个业务场景中的应用实践证明了其处理高并发请求的能力。无论是企业的客服支持、自动化创意生成，还是复杂的商业分析，豆包都能快速适应场景，提供高效的解决方案。其应用场景覆盖了各类行业，从金融数据处理到医疗诊断建议，再到教育领域的个性化学习方案，豆包通过深度学习算法帮助用户解决实际问题，提升工作效率和决策能力，如表1-3所示。

表1-3 豆包大模型的主要应用场景

功能	适用场景	具体应用示例	优势
内容创作	广告文案、文学创作	可根据用户指令编写广告文案、创意脚本、小说章节或完整的营销方案	生成多种风格的文本内容，灵活应对不同场景需求，结构清晰，内容丰富
知识问答	日常常识、专业解答	为用户提供工作、生活中各类问题的解答，如理财建议、健康常识、编程知识	快速检索、准确回答，集成广泛知识库，帮助用户高效获取所需信息
角色扮演	社交娱乐、虚拟互动	可扮演虚拟主播、社交伙伴等角色，与用户互动，提供情感陪伴，模拟多轮对话	根据设定角色特点进行个性化互动，增强用户体验，保持对话连贯性
代码生成	软件开发、代码编写	根据用户功能描述，生成符合需求的代码片段，适用于快速实现功能的场景，如UI组件、算法模块	提高开发效率，减少手动编码工作量，输出符合规范的高质量代码
信息提取	新闻分析、学术研究	从复杂文本中提取核心观点，如从长篇报告或文章中提取关键信息	快速提取、结构化信息输出，适合需要高效处理大量文本的场景
逻辑推理	商业决策、科学研究	分析问题，推导出合理的解决方案，适用于商业策略制定、实验设计等复杂问题	基于前提和假设进行合理推理，支持多步逻辑分析，适用于复杂决策和深度研究

1.4.3 应用拓展

豆包大模型不仅在标准应用场景中表现卓越，还支持广泛的应用扩展，为开发者和企业提供更多创新的可能性。

1. AI 应用开发平台

豆包支持通过其AI应用开发平台"扣子"快速创建和部署各类智能Bot（机器人）。用户无须编程基础，通过平台提供的模板和工具即可快速搭建个性化的AI应用。开发好的Bot可以部署在社交平台、通信软件或者企业内部系统中，实现从客户服务、用户互动到日常业务流程的自动化。

例如，企业可以利用该平台快速搭建客服Bot，帮助回复用户咨询，减轻人工客服负担；在社交媒体方面，开发者可以发布娱乐型Bot，与用户进行趣味对话，增强互动体验；在工作场景中，企业可以通过Bot实现日程提醒、通知推送等智能化功能，提升工作效率。

2. 多功能 AI 助手

下面就是本书的主角了——豆包AI助手，如图1-3所示。豆包的多功能AI助手在各类场景中表现出色，能够提供从日报生成到任务管理的多样化服务。例如，用户可以要求助手生成每日的大模型新闻摘要，或获取实时的股票行情、天气预报等信息。此外，用户还可以利用AI助手进行任务设定，提醒重要事件，并实时追踪日程进展。

图1-3

　　例如，当用户请求"今天的新闻摘要"时，豆包可以迅速生成涵盖技术进展、行业动态等多领域的综合报告。此外，豆包还可以通过日程提醒功能，帮助用户管理任务和会议，确保重要事项不会被遗漏。

　　对于普通个人用户来说，最实用的就是豆包AI助手。本书中介绍的就是豆包AI助手。后面提到豆包时，就是指AI助手。

第2章

快速上手
——豆包使
用指南

现在，让我们一起深入了解豆包的各项神奇功能和操作方法吧。从最基础的操作步骤开始，逐步过渡到高级应用技巧，这一章将为你一一呈现。相信在这个过程中，你会逐渐掌握豆包的使用精髓，无论是面对学习中的困惑，还是工作上的难题，都能轻松应对、游刃有余。

2.1 豆包的注册与登录

豆包作为一款功能强大的智能助手，提供了多种使用渠道，包括网页版、移动端App、计算机版及网页插件版等，满足不同用户在各种场景下的需求。无论你是在办公室使用计算机进行深度的知识查询和文档处理，还是在外出时通过手机App随时获取信息，抑或是在浏览网页时快速调用豆包的功能，都能轻松实现。本节将详细介绍豆包的注册与登录流程，让你能够快速开启与豆包的精彩互动之旅。

2.1.1 注册流程详解

首先，在浏览器输入豆包官方网址，进入豆包官网，可看到图2-1所示的页面。

图2-1

在输入框输入"您好，豆包"，按Enter键发送，可看到图2-2所示的页面，豆包和我们聊天了！

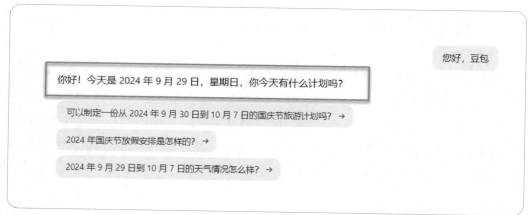

图 2-2

也可以单击页面右上角的"登录"按钮，可进入图2-3所示的登录页面。豆包支持手机号、抖音账号和Apple ID进行登录。这里选择手机号登录，输入手机号后获取短信验证码，输入验证码后即可登录豆包。注意勾选"已阅读并同意豆包的使用协议和隐私政策"。

图 2-3

建议用户仔细阅读隐私政策，加强隐私保护。虽然用户和豆包聊天是和机器模型在对话，并不是和后台的真人聊天，但是用户也不要随便输入个人敏感信息。

2.1.2 安装计算机客户端

若要使用计算机版豆包，可以单击页面右上角的"下载Windows客户端"按钮，也可以在左下角单击相对应的图标 ，如图2-4所示。

图 2-4

下载豆包安装文件之后，双击打开，可以单击"立即安装"按钮快速安装豆包，如图2-5所示。

当然，用户也可以单击下方的"自定义选项"按钮设置安装路径，设置完成后再进行安装，如图2-6所示。

图 2-5

图 2-6

安装完成后，豆包计算机客户端会自动打开，用户可直接使用。

如图2-7所示，界面左侧是输入框，在这里可以输入提示词，也就是给豆包发送指令。"书签"和浏览器的书签类似，可以快速进入保存的网页；"最近"包括最近的对话和网页浏览记录。

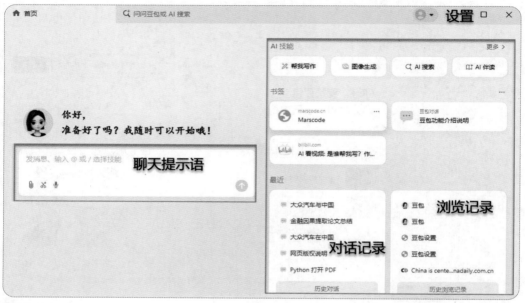

图2-7

单击"AI技能"区域右侧的"更多"按钮，可以看到豆包的各种技能，如写作、图像生成等，如图2-8所示。

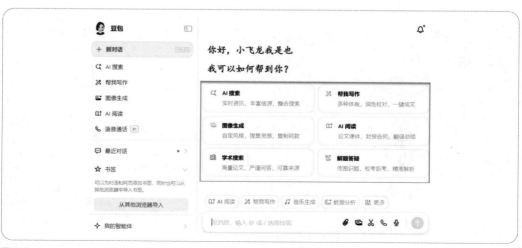

图2-8

如图2-9所示，在输入框输入文字，就可以和豆包进行聊天了。单击 🔗 图标可以上传文件，单击 ✂ 图标可以输入截图，单击 🎤 图标可以用麦克风输入语音。

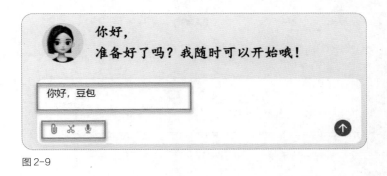

图 2-9

用户可以进一步修改账号信息。如图2-10所示，单击窗口右上角的个人头像图标，然后选择"设置"功能。

图 2-10

在"豆包设置"页面选择"编辑个人资料"功能，可以修改个人资料，如图2-11所示。

图 2-11

例如，可以修改昵称、修改头像，单击"完成"按钮生效，如图2-12所示。

图 2-12

选择"账号设置"功能，可以绑定抖音和Apple ID，如图2-13所示。

图 2-13

2.1.3　安装浏览器插件

除了上述两种使用豆包的方式，还可以给浏览器增加豆包插件。

进入豆包官网首页，然后单击页面左下角的"浏览器插件"按钮⚙，如图2-14所示。

图 2-14

进入"chrome应用商店"，单击右侧的"获取"按钮，完成插件安装，如图2-15所示。对于其他浏览器，可以将插件下载到本地，然后再安装。

图 2-15

再次打开浏览器，单击右上角的🙂图标，即可打开豆包插件，如图2-16所示。

图 2-16

在输入框输入信息，即可和豆包对话，如图2-17所示。

图 2-17

还可以在手机上使用豆包App，第7章会详细介绍。

2.2　豆包基本操作

下面以计算机客户端为例，介绍豆包的基本操作。

2.2.1　调整豆包窗口

1. 调整窗口位置

启动计算机版的豆包软件，然后单击窗口右上角个人头像图标，如图2-18所示。

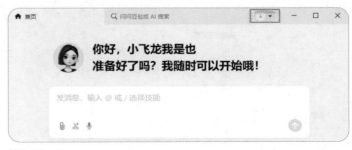

图 2-18

然后选择"窗口位置"功能，可以调整软件窗口的位置，如图2-19所示。用户可以设置窗口靠左、居中或靠右，靠左就是软件窗口紧贴桌面左边。

图 2-19

2. 设置字体样式

单击个人头像图标，选择"设置"功能，打开"豆包设置"页面，选择"高级设置"中的"网页浏览设置"功能，如图2-20所示。

图 2-20

在打开的"设置"页面中，单击"设置"按钮，在列表中选择"外观"选项，在页面中找到"自定义字体"功能并单击，找到"标准字体"选项并单击，选择自己喜欢的字体，如图2-21所示。

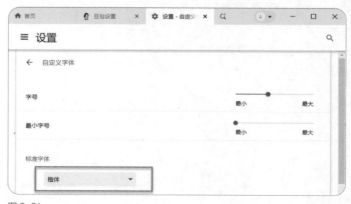

图 2-21

最后，回到豆包软件的主页，就可以看到更改后的字体样式了，如图2-22所示。

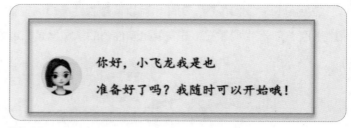

图 2-22

3. 设置缩放比例

进入豆包的"外观"设置页面，单击右侧页面中的"网页缩放"选项，根据自己的需求进行缩小或放大比例的选择，如图2-23所示。

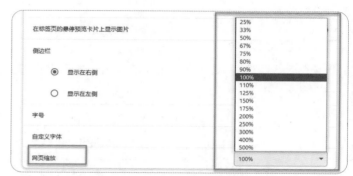

图 2-23

2.2.2 豆包的小窗模式

豆包软件有一个非常方便的小窗模式，可以快速调出各种AI功能，如图2-24所示。

图 2-24

在豆包中可以快速打开计算机中的各种软件。例如，输入"记事本"，即可快速找到计算机中的记事本，如图2-25所示。

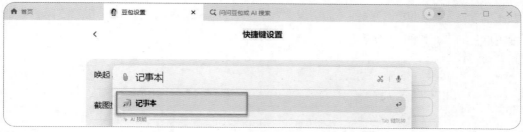

图 2-25

还可以调用搜索引擎对关键词进行搜索，如图2-26所示。

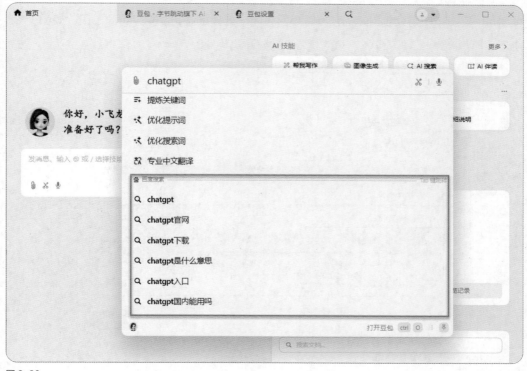

图 2-26

默认情况下，按快捷键Alt+Space，可快速调用豆包的小窗模式。

2.2.3 设置开机自动启动

启动计算机版豆包软件，然后单击窗口右上角的个人头像图标，选择"设置"功能，进入"豆包设置"页面，找到"通用设置"下的"开机自动启动"功能，将它右侧的功能按钮打开即可，如图2-27所示。

图 2-27

启动豆包，运行很多功能后，有可能会减慢计算机的运行速度。此时用户可以按快捷键Shift+Esc，使用豆包自带的任务管理器关闭一些标签页，以减少资源占用，如图2-28所示。

图 2-28

2.2.4　豆包AI工具介绍

在"豆包设置"页面的"AI工具"功能栏可找到3个AI快捷工具，如图2-29所示。下面依次进行介绍。

图2-29

1.　AI划词工具栏

启用该功能，只需用鼠标选中文本，就可以唤醒AI划词工具栏，如图2-30所示。

图2-30

单击右侧的功能按钮，可开启或禁用此功能。单击"发现更多技能"按钮，可添加新的AI文本工具，如"逐行解释代码"，如图2-31所示。

图 2-31

　　单击"添加技能"按钮可添加技能，如图2-32所示。

图 2-32

用户可测试一下AI划词技能。在记事本中编辑一段Python代码，选中一行代码，可看到豆包AI划词工具栏自动启动，在下拉菜单中单击"逐行解释代码"命令，如图2-33所示。

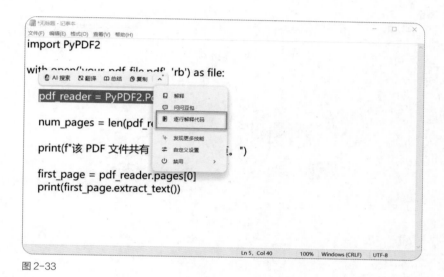

图2-33

如图2-34所示，可以看到豆包给出了该行代码的解释。

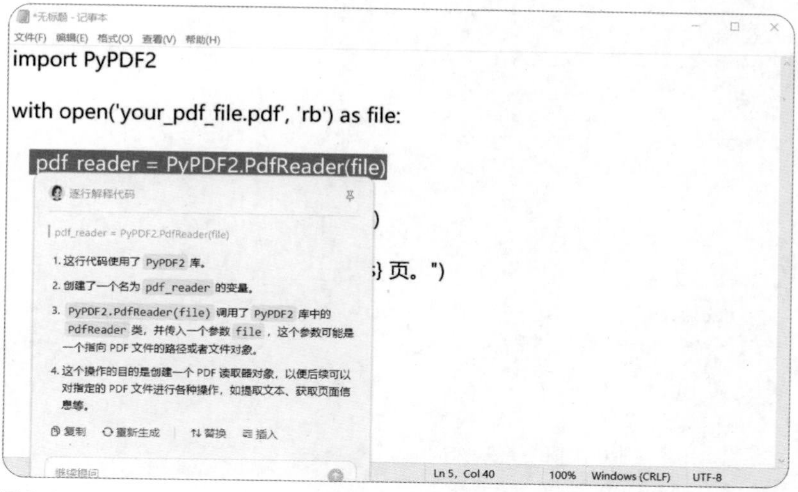

图2-34

2. AI写作(Beta)

选择"AI写作(Beta)"功能可开启或关闭记事本和Word文档的窗口显示，如图2-35所示。

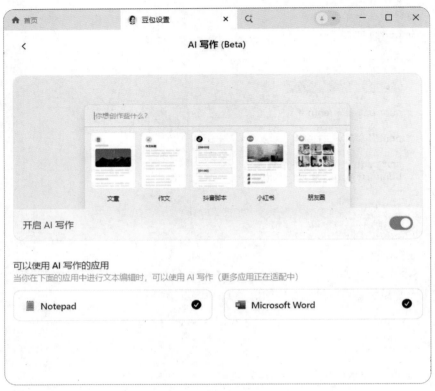

图 2-35

以打开记事本为例，左边出现了一个 ✦ 图标，如图2-36所示。

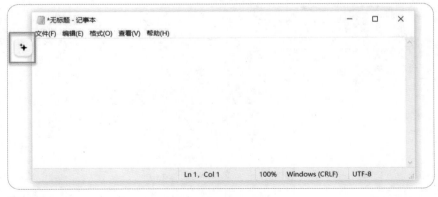

图 2-36

单击该图标，再单击"边写边译"命令，如图2-37所示。

图 2-37

在记事本中录入汉字时，下方自动翻译为英文，如图2-38所示。

图 2-38

3. AI 启动器

前面介绍了豆包软件的小窗模式，下面详细介绍其中AI技能的设置。在"豆包设置"页面中选择"AI启动器"功能，进入设置界面。

单击快捷键所在的输入框，可以设置唤起AI启动器的快捷键。按下键盘上的键以便设置快捷键，或使用软件推荐的快捷键，如图2-39所示。

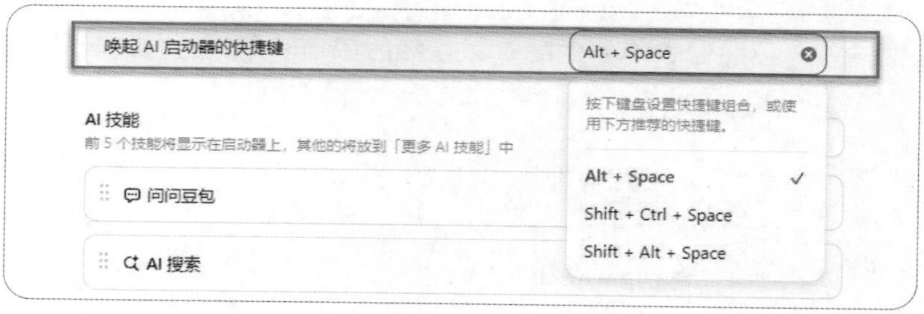

图 2-39

在AI技能列表中可以看到许多AI技能，如问问豆包、AI搜索、翻译、帮我写作、解题答疑、扩写等，如图2-40所示。

图2-40

按Alt+Space快捷键（默认情况下），可看到前5个技能显示在启动器上，如图2-41所示，其他技能则在"更多AI技能"中。

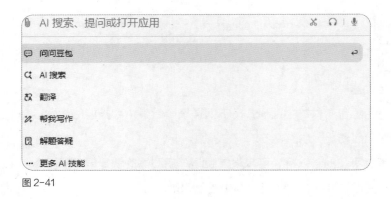

图2-41

在输入框输入"豆腐含嘌呤多少呢？"，然后单击"问问豆包"按钮，如图2-42所示。

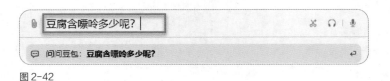

图2-42

豆包做出了回答，如图 2-43所示。

单击"AI搜索"按钮，豆包调用了默认搜索引擎，找到了答案，如图2-44所示。

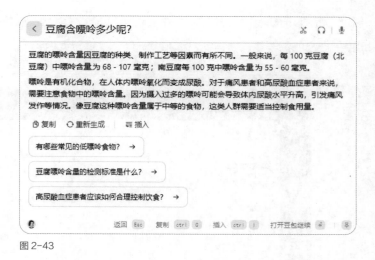

图 2-43

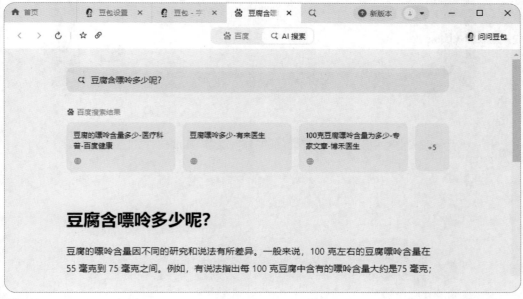

图 2-44

单击"翻译"按钮，豆包直接将这句话翻译成了英文，如图2-45所示。

图 2-45

返回AI启动器设置界面，单击"添加技能"按钮，弹出"添加技能"对话框，用户可以根据自己的需要录入"技能名称和图标"及"提示词内容"，如图2-46所示。

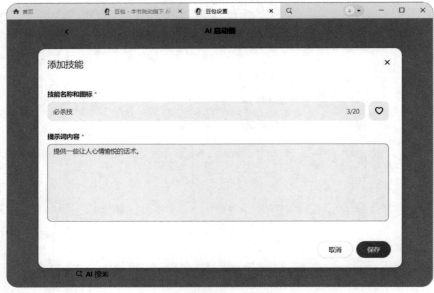

图2-46

再次调用AI启动器，可以看到用户增加的技能已经添加成功，如图2-47所示。

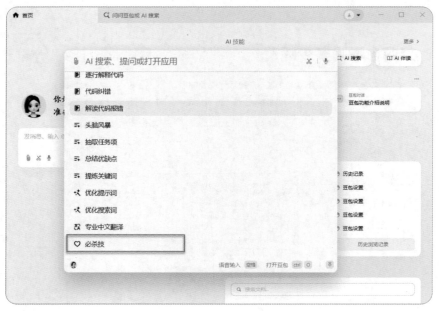

图2-47

任意输入一句话，按Enter键，豆包将给用户反馈一些内容。图2-48所示就是用户刚刚提示词里面要求豆包完成的任务。

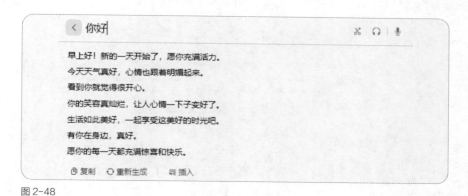

图2-48

豆包有很多内置的AI功能，其实就相当于帮用户写好了提示词。用户既可以通过对话的方式一步步让豆包完成任务，也可以通过这些内置的AI功能完成常见的任务，如翻译、搜索、写作、图像生成等。

在豆包软件主界面的左侧，或者聊天窗口的上方，都可以调出这些内置的AI功能，如图2-49所示。

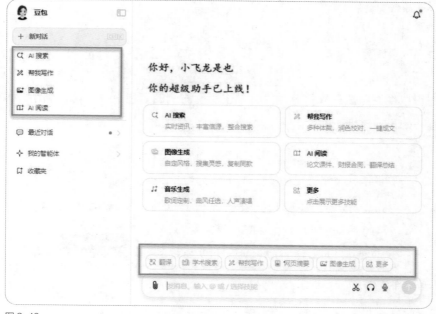

图2-49

2.2.5 浏览网页

打开豆包客户端，单击上方的搜索框，如图2-50所示。

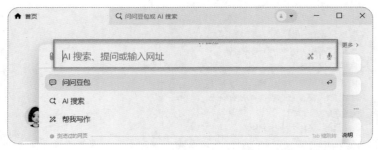

图2-50

在搜索框中输入网址，如图2-51所示。

图2-51

此时可以像浏览器一样打开网页，单击页面右侧的豆包头像，可以调用"翻译此页面"功能，如图2-52所示。

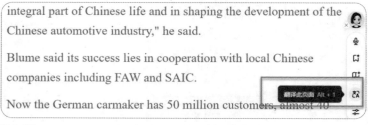

图2-52

用户还可以详细设置翻译功能，如图2-53所示。

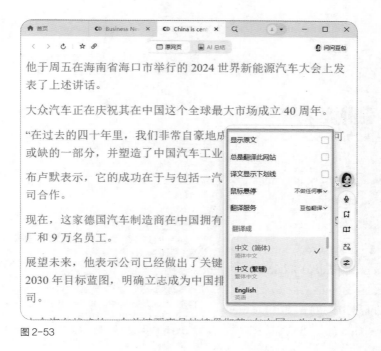

图 2-53

豆包拥有3种翻译引擎，分别是火山翻译、豆包翻译和微软翻译，如图2-54所示。

图 2-54

单击页面右侧的豆包头像，可以调用"总结此页面"功能，如图2-55所示。

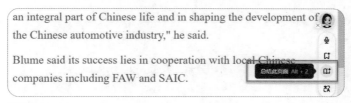

图 2-55

豆包将自动总结网页内容，如图2-56所示。

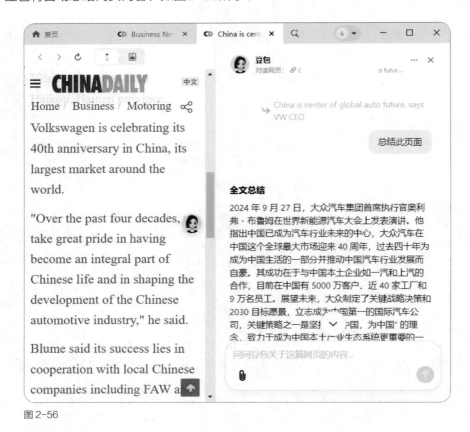

图2-56

单击页面上方的"AI总结"按钮，如图2-57所示。

图2-57

可以看到，页面的内容要点已经被提炼出来了，如图2-58所示。

图 2-58

可以直接将链接发送到聊天窗口，豆包将给出文章的主要内容，如图2-59所示。

图 2-59

单击聊天页面中的"更多"按钮，在弹出的列表中选择"网页摘要"，如图2-60所示。

图 2-60

使用该功能可以解读网页，如图2-61所示。

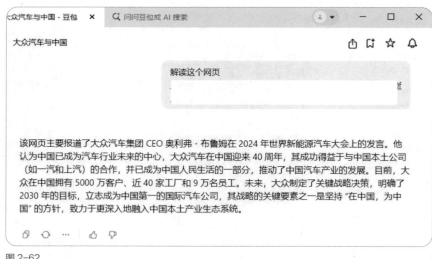

图 2-61

可以看到，得到的结果与使用"AI总结"功能得到的结果基本相同，如图2-62所示。

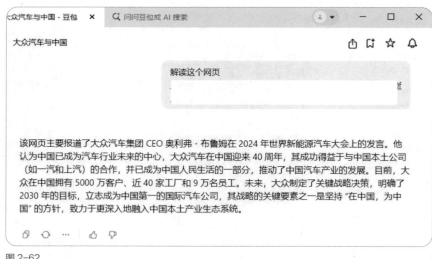

图 2-62

在网页浏览设置页面左侧的功能栏里找到"搜索引擎"功能，在这里可以自定义豆包的搜索引擎，如图2-63所示。

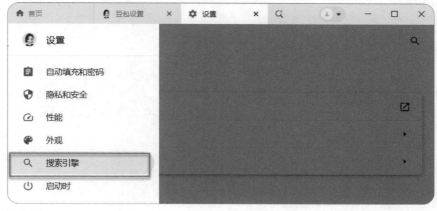

图2-63

例如，选择"百度"，单击"设为默认"按钮，如图2-64所示。

图2-64

尝试用豆包软件搜索央视纪录片，如图2-65所示。

图 2-65

豆包调用了"百度"搜索引擎，搜索结果呈现在了下面，如图2-66所示。

图 2-66

单击网页的链接，打开纪录片，即可以观看视频，如图2-67所示。

图 2-67

在豆包主界面，在"最近浏览记录"栏目中可以找到网页浏览记录，在"书签"栏目中可以将浏览器书签导入豆包，如图2-68所示。

图 2-68

2.2.6 截图提问

打开豆包客户端，单击搜索框右侧的"截图提问"按钮✂，如图2-69所示。

图 2-69

可以截取一张图片，单击"提取图中文字"，让豆包提取图中的文字，如图2-70所示。

图 2-70

豆包已经提取出了图中的文字，如图2-71所示。

图 2-71

让豆包从图片中抽取出名词，如图2-72所示。

图 2-72

让豆包将图片转为表格，如图2-73所示。

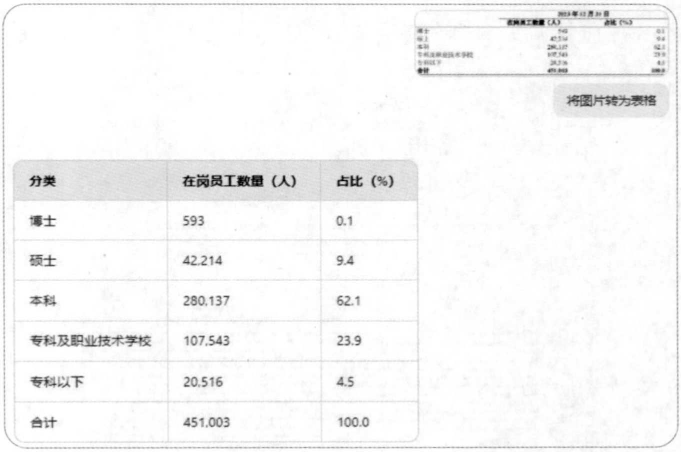

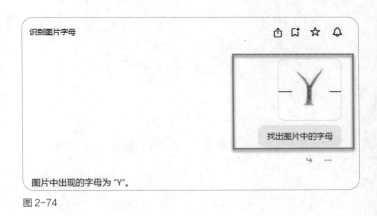

分类	在岗员工数量（人）	占比（%）
博士	593	0.1
硕士	42.214	9.4
本科	280.137	62.1
专科及职业技术学校	107.543	23.9
专科以下	20.516	4.5
合计	451.003	100.0

图 2-73

还可以让豆包识别一些复杂的图片。例如，上传一张卡通图片，让豆包识别出里面的字母，如图2-74所示。

识别图片字母

找出图片中的字母

图片中出现的字母为"Y"。

图 2-74

2.2.7 上传文档

打开豆包对话框，单击对话框左边的 🔗 按钮，可以上传文档，如图2-75所示。

图 2-75

上传本地英文文档，单击"翻译全文"按钮，如图2-76所示，即可完成全文的翻译。

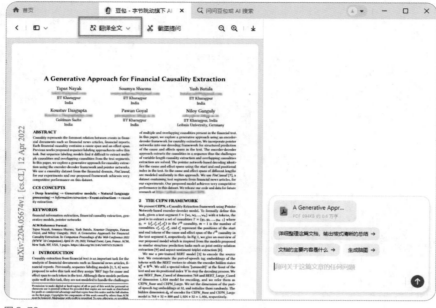

图 2-76

还可以上传一些篇幅较长的文章，让豆包快速进行阅读和理解，整理出文章的主要内容，如图2-77所示。

图 2-77

图 2-78

单击豆包界面左侧的"AI阅读"按钮，可以查看最近阅读过的文档，如图2-79所示。

图 2-79

2.2.8 分享对话

如果用户和豆包开展了
多次对话，并希望把对话内
容导出来，可以单击界面右上
方的"分享该对话"按钮，
如图2-80所示。

图 2-80

可以发现，豆包的页面发生了变化，每个对话的前面出现了一个复选框，如图2-81所示，这表示在默认情况下，用户要分享与豆包的全部对话。当然也可以进行选择，将不想分享的对话取消勾选即可。

图 2-81

选择完成后单击界面下方的"保存图片"按钮，界面左上方会出现图2-82所示的提示，表示保存成功，单击 □ 按钮即可找到豆包分享对话生成的图片。

图 2-82

单击"复制链接"按钮会得到一个链接，在浏览器中打开该链接，即可看到对话的具体内容，如图2-83所示。

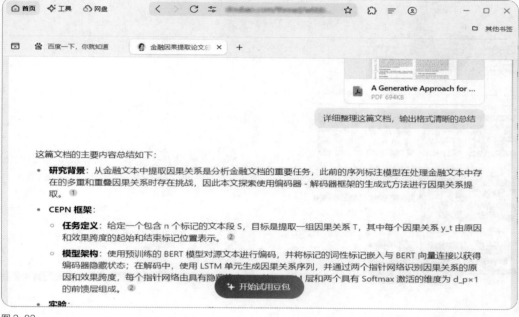

图 2-83

第**3**章

豆包应用
实例——
学习篇

在学习之路上，你是否渴望有一个得力助手？豆包
来啦！从文献解析到创意写作，从绘画指导到教育
培训，为你全方位助力。提取关键信息、设计论文
大纲、推荐好书，激发创意写作灵感，提供绘画技
巧与教育辅助，让你的学习更精彩。

3.1 学习小能手

在知识的浩瀚海洋中，你是否渴望拥有一位得力的学习伙伴？豆包化身学习小能手，助你开启高效学习之旅。当你面对纷繁复杂的文献时，豆包能精准提取关键信息，让你迅速把握核心内容。论文大纲的规划不再是难题，豆包给出逻辑明确的建议，助你构建严谨的学术框架。选书时感到迷茫？别担心，豆包的书籍引导和好书推荐讲解，为你指引阅读的方向。从单词学习到英汉互译，豆包全程陪伴。让我们一起借助豆包的力量，在学习的道路上披荆斩棘，不断提升自我，开启精彩的学习篇章。

3.1.1 论文大纲，逻辑明确

豆包在论文大纲方面能够为你提供逻辑明确的建议。可以这样提问：明确论文主题，如"关于环保问题的论文大纲应该如何构建"；描述研究范围，如"限定在某个地区的经济发展研究，论文大纲怎样体现逻辑清晰"；对比不同学科的大纲结构，如"文科论文和理科论文在大纲逻辑上有什么差异"；从论证方法出发，如"采用案例分析的论文，大纲中如何安排论证逻辑"；从解决问题的角度入手，如"以解决实际问题为导向的论文，大纲应如何体现问题的提出和解决过程"。

Q 我是一名大学三年级的学生，要写一篇关于人工智能对教育影响的论文。目前，我有一些零散的观点，但不知道如何将它们组织成一个逻辑清晰的论文大纲。请给我一些建议，让我的论文大纲既全面又有条理。

A 以下是一个关于人工智能对教育影响的论文大纲建议：

一、引言

（一）研究背景与意义

❶ 人工智能的快速发展及其在各领域的广泛应用。

❷ 教育领域面临的挑战与变革需求。

❸ 探讨人工智能对教育影响的重要性。

（二）研究目的与问题

……

六、结论

（一）研究总结

❶ 概括人工智能对教育的主要影响。

❷ 总结应对策略的要点。

（二）研究展望

❶ 对未来人工智能在教育领域的发展趋势进行展望。

❷ 提出进一步研究的方向。

3.1.2 学术搜索，深入研究问题

豆包在学术搜索方面可以帮助你深入研究某个问题。从以下几个方面提问，可以找到高质量的文献、理解研究趋势并梳理重难点。

明确研究领域，如"我正在研究人工智能的伦理问题，如何找到相关的权威文献"，豆包能够根据你的研究领域，推荐最新、最具影响力的学术论文、期刊或研究报告，帮助你快速定位核心参考资料。

描述研究问题的具体方向，如"在机器学习中，强化学习与监督学习的主要区别是什么"，豆包能根据你的研究问题，梳理出该领域的最新进展、经典文献和研究难点，帮助你快速掌握重要的知识点。

对比不同研究成果，如"不同研究团队对人工智能伦理的观点有何差异"，豆包可以提供不同研究的观点分析，帮助你发现学术争论的核心问题，找出主要的理论分歧与相似点。

从研究目标出发，如"我要撰写关于气候变化的论文，如何快速筛选出重点文献"，豆包能够推荐影响力较大的文献和权威的学术来源，并根据你的研究目标，帮助你构建系统的文献综述。

优化研究方法，如"通过哪些研究方法可以更好地理解我的课题"，豆包不仅可以推荐合适的研究方法，还能为你提供参考文献，详细讲解这些方法在具体研究中的应用。

单击聊天页面中的"学术搜索"按钮，如图3-1所示。如果页面中没有，可以通过单击"更多"按钮找到。

图 3-1

例如，用户提问："知识图谱的概念是哪一年提出的？"，如图3-2所示。

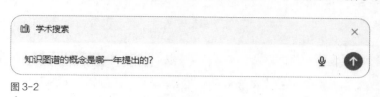

图 3-2

豆包作出回答，如图3-3所示。

图 3-3

当然，也可以不单击"学术搜索"按钮，直接提问，如图3-4所示。对比一下，可以发现，"学术搜索"是基于论文搜索得到的结果，有引用信息来源，显得更加专业。

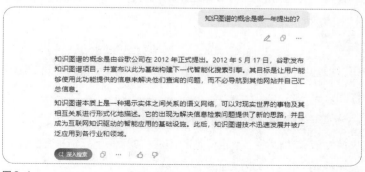

图 3-4

3.1.3　书籍引导，好书推荐

豆包在书籍引导方面可以为你推荐好书并进行讲解。可以这样提问：明确阅读需求，如"我喜欢历史小说，有哪些好书推荐"；描述兴趣爱好，如"对心理学感兴趣，哪些书籍适合入门阅读"；对比不同类型的书籍，如"经典文学作品和畅销书在阅读价值上有何不同"；从作者风格出发，如"某位作者的作品有什么特点，哪些值得一读"；从阅读目的入手，如"为了提升写作能力，应该阅读哪些书籍"。

Q 我对中国古代历史很感兴趣，尤其是唐朝的历史。我目前的历史知识储备比较匮乏，想找一些适合我阅读的关于唐朝历史的好书。请给我推荐几本，并详细介绍每本书的特点和适合的阅读人群。

A 《唐朝那些事儿》：以通俗的语言讲述唐朝的历史，故事性强。通过一个个生动的故事展现唐朝的政治、经济、文化等。

《蒙曼说唐：武则天》：聚焦唐朝著名人物武则天，透过她的生平经历了解唐朝的政治风云。内容讲解深入浅出，适合对唐朝人物感兴趣的读者。

《血腥的盛唐》：全面展现唐朝的兴衰历程，描写生动，对战争、政治斗争等有详细描述。适合喜欢历史故事和想深入了解唐朝历史的读者。

3.1.4　阅读整理，文件内容智能提取

豆包在阅读整理方面具有高效的文件解析和内容提取能力，能够帮助你快速梳理和总结文件中的关键信息。无论是报告、书籍还是研究论文，豆包都能自动生成内容概要，提取重点，并整理出清晰的知识结构。

文件内容梳理与要点提取：当面对大量信息时，你可以通过提问获取关键内容，如"如何从这份研究报告中提取出核心结论和数据"，豆包将自动生成简明扼要的摘要，帮助你迅速掌握文件的关键内容。

主题框架与逻辑结构构建：对于需要整理出逻辑关系的文件，可以针对结构提出问题，如"根据这篇文献，生成一个逻辑清晰的知识框架"，豆包将根据文件内容划分主题层次，按主次关系构建知识框架，帮助你厘清思路。

细节深入与数据整理：文件内容中往往包含丰富的细节和数据，你可以请求豆包进行精细提取，如"提取文件中的所有统计数据和图表说明"，豆包将从文中找到关键数据并集中整理在一起，使你在分析数据时更高效。

概念分类与关键词提炼：对于含有大量专业术语和概念的文件，可以通过提问引导豆包识别重点内容，如"从这篇科学论文中提取出所有关键概念并分类"，豆包会自动识别术语并根据主题进行分类，形成便于学习的知识体系。

单击输入框上方的"AI阅读"按钮，如图3-5所示（如果输入框上方没有这个按钮，可以单击"更多"按钮进行查找。）。

图 3-5

上传一份PDF文件，如图3-6所示。

输入"文档的主要内容是什么"，如图3-7所示，按Enter键。

图 3-6

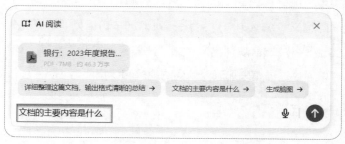

图 3-7

豆包总结了这份文档的主要内容，如图3-8所示。

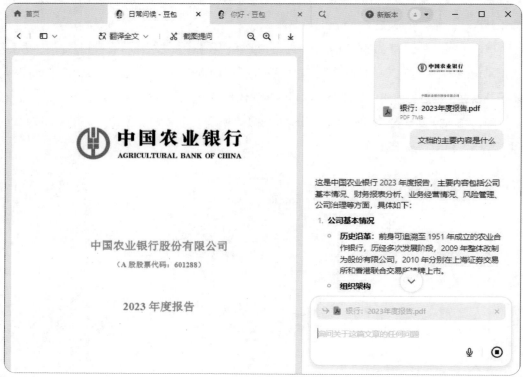

图 3-8

3.1.5　单词学习，释义/发音/记忆

豆包在单词学习方面能够为你提供释义、发音和记忆方法。可以这样提问：明确单词类型，如"英语动词的记忆方法有哪些"；描述学习难点，如"总是记不住一些生僻单词的释义，怎么办"；对比不同记忆技巧，如"联想法和词根词缀法在单词记忆上有何优势"；从发音规则出发，如"某些音标发音不准确，如何纠正"；从语境运用入手，如"如何通过语境来加深对单词的理解和记忆"。

Q 我正在准备英语四级考试，但总是记不住单词的释义和发音，尤其是一些长难单词，如"circumference"。请给我一些有效的记忆方法，帮助我增加英语词汇量。

A 记忆单词释义和发音的方法：

拆分记忆：将"circumference"拆分为"circum"（周围）和"ference"（ence 为名词后缀），结合起来可以理解为"周围的长度"，即"周长"。

联想记忆：可以联想圆形的物体，如地球的周长，帮助记忆单词的释义。

发音记忆：根据音标 /səˈkʌmfərəns/ 来记忆发音，多重复几遍，同时可以结合单词的拼写来记忆。

例句记忆：将单词放在例句中记忆，如"The circumference of the circle is calculated by multiplying the diameter by pi."，这样可以更好地理解单词的用法和释义。

利用记忆软件：使用一些英语学习软件，如百词斩、扇贝单词等，它们有多种记忆方法和复习策略，可以帮助你增强记忆。

3.1.6 语言翻译，跨语言沟通

豆包在语言翻译方面能够为跨语言交流提供强大支持。它不仅能进行文本翻译，还可以帮助你理解语言中的细微差异，确保翻译的准确性和文化适应性。

翻译与校对：对于学术文献、技术文档等类型的文本，可以这样提问："如何将这篇人工智能研究论文从中文翻译成英文，同时保留技术术语的准确性"，豆包能够提供专业的术语处理和翻译，让内容符合学术或技术领域的表达习惯，确保信息传达无误。

语言风格与语境适配：不同语言的表达方式和文化背景各不相同。你可以描述目标语言的特定语境或风格需求，如"如何将产品推广文案翻译成法语，以符合当地的营销习惯"，豆包能在语言转换的同时保持内容的吸引力和适应性，使翻译更具本地化效果。

文本重难点解释与对比：语言中许多词汇和句子有多重含义，特别是在学术或技术背景下。你可以提出疑问，如"日语中'和'与'平'的区别如何用英语准确表达"，豆包能够理解这些细微差异，并提供多种表达方式，确保翻译内容更加准确。

跨语言学习支持：如果希望通过翻译来学习新语言，可以从学习的角度进行提问，如"在翻译过程中有哪些高频词汇和句子可以重点学习"，豆包可以在提供翻译的同时列出常用词语和句子，帮助你更有效地掌握新语言的核心词汇和用法。

实时翻译与跨文化沟通：对于实时或跨文化交流的翻译需求，可以直接提问，如"和德国客户讨论技术方案时，如何用德语准确表达我的方案"，豆包能够实时提供专业翻译，并给出合适的表达方式，使你在跨文化交流中更加自信和专业。

单击聊天页面中的"翻译"按钮，如图3-9所示。

图3-9

输入需要翻译的单词或者句子："Sometime ever, sometime never."，如图3-10所示。

图3-10

豆包自动识别英文，并翻译成了中文，如图3-11所示。

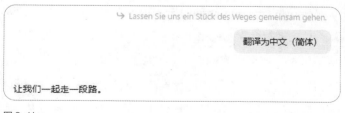

图3-11

输入一段德文："Lassen Sie uns ein Stück des Weges gemeinsam gehen."，豆包会自动识别并将其翻译成中文。豆包可以把其他语言翻译为中文或者英文。如果想要把中文翻译成德文，可以直接输入提示语，如图3-12所示。

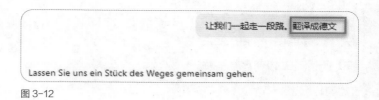

图3-12

3.2 创意写作达人

在写作时，你是否渴望拥有一位神奇的伙伴来激发你的创作灵感呢？豆包化身为创意写作达人，带你开启精彩的创作之旅。当你沉浸于诗词写作时，豆包为你提供格律主题灵感，让你的诗词兼具韵味与深度。当你想为文章取一个吸引人的标题时，豆包的标题生成方案定能让你眼前一亮。在进行文本改写时，豆包可以帮你在改变风格的同时维持原意，赋予作品全新的魅力。在扩写文本时，豆包可以帮你增加丰富的细节，让故事更加生动饱满。豆包还可以帮你在保持故事风格的基础上进行续写。无论是剧本的情节设计，还是视频脚本的情节设计，豆包都能给你专业的指导建议。

3.2.1 诗词写作，规范格律、激发灵感

豆包在诗词写作方面可以为你提供规范格律和激发灵感。可以这样提问：明确诗词类型，如"写一首七言律诗，格律有哪些具体要求"；描述主题意向，如"以秋天为主题写一首诗词，有哪些灵感可以借鉴"；对比不同诗词体裁，如"词和诗在格律和主题表达上有何不同"；从意象运用出发，如"哪些意象适合在描写春天的诗词中使用"；从情感表达入手，如"如何在诗词中巧妙地表达思念之情"。

对于写作，可以直接通过聊天的方式，输入提示词让豆包回答，也可以通过"帮我写作"功能，借助模板来完成，如图3-13所示。

图3-13

单击"帮我写作"功能按钮，再单击"模板"按钮，此时可以看到各种各样的模板，选择"诗歌"，在提示词模板中输入内容，如图3-14所示。

图 3-14

按Enter键，豆包生成了诗歌，如图3-15所示。

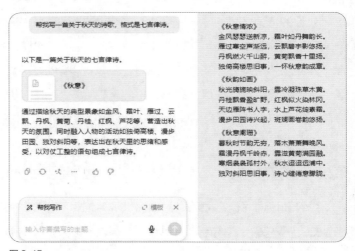

图 3-15

虽然豆包提供了写作功能的提示词模板，但是用户也可以自己写提示词，这样更加灵活，如图3-16所示。

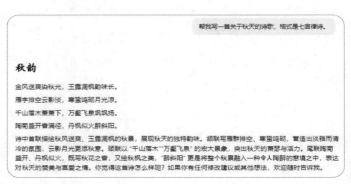

图 3-16

豆包的各种功能本质上是通过不同的提示词来实现的，只要掌握了如何写提示词，就可以更灵活地运用豆包。

3.2.2　标题生成，打造吸引力标题

豆包在标题生成方面能够为你提供吸引人的标题方案。可以这样提问：明确内容主题，如"一篇关于环保的文章，什么样的标题更吸引人"；描述目标受众，如"为青少年读者创作的故事，适合写什么样的标题"；对比不同风格的标题，如"幽默风趣的标题和严肃庄重的标题各有什么效果"；从关键词提取出发，如"根据文章中的关键信息，如何生成一个简洁有力的标题"；从悬念设置入手，如"什么样的标题能激发读者的好奇心"。

Q 我写了一篇关于自己暑假旅行经历的文章，想取一个吸引人的标题。我的旅行经历比较丰富，涉及自然风光、历史文化和美食体验等方面。请帮我生成一些有创意的标题方案，要求标题能够准确地传达文章的主题和情感。

A 以下是一些标题方案：

《夏日奇幻之旅：风光、文化与美食的邂逅》

《暑假漫行记：探寻自然之美，品味历史韵味，畅享美食盛宴》

《我的盛夏冒险：自然、文化与美食交织的旅程》

《暑假游踪：在自然风光中触摸历史，于美食之间感悟人生》

《夏日之旅：一场自然、文化与美食的狂欢》

这些标题既突出了暑假旅行的时间背景，又涵盖了自然风光、历史文化和美食体验等方面的内容，同时运用一些富有表现力的词语，如 "奇幻""冒险""狂欢" 等，增加了标题的吸引力。

3.2.3　文本改写，改变风格维持原意

豆包在文本改写方面可以帮你在改变风格的同时维持原意。可以这样提问：明确改写要求，如"将一篇正式的新闻稿改写成轻松幽默风格的新闻稿，要注意什么"；描述原始文本的特点，如"这个故事的情节很感人，改写成悬疑风格时如何保持吸引力"；对比不同风格的改写效果，如"古风和现代风的改写技巧有什么不同"；从语言表达出发，如

"如何调整词语和句式以实现风格的转变"；从情感基调入手，如"改写后的文本如何保持原有的情感基调"。

Q 有一段描述自然风景的文字，语言比较平淡。"清晨，太阳从东方升起，照亮了大地。山上的树木郁郁葱葱，鸟儿在枝头欢快地歌唱。小溪潺潺流淌，清澈见底。"请帮我把它改写得富有诗意，同时保持原意不变。我希望改写后的文字能够更加生动形象，富有感染力。

A "清晨时分，东方天际绽出一抹绚烂的霞光，太阳缓缓升起，如同一盏明灯，照亮了广袤的大地。山上，树木繁茂葱郁，仿佛绿色的海洋。鸟儿在枝头婉转歌唱，似在奏响大自然的乐章。小溪潺潺流淌，如一条透明的丝带，清澈见底，波光粼粼。"

改写后的文字运用了比喻、拟人等修辞手法，使自然风景更加生动形象，富有诗意和感染力。

3.2.4 文本扩写，增加丰富细节

豆包在文本扩写方面能够增加细节，使内容更加丰富。可以这样提问：明确扩写方向，如"把一句简短的话扩写成一个生动的场景描写，有哪些方法"；描述核心内容，如"这个情节比较简单的故事，在扩写时可以添加哪些细节"；对比不同扩写程度，如"适度扩写和详细扩写有什么区别"；从人物描写出发，如"如何通过对人物的外貌、动作、语言等方面的描写来丰富文本"；从环境营造入手，如"怎样营造出更具感染力的环境氛围"。

Q "小明在操场上打篮球。"请把这句话扩写成一段话，增加一些细节描写，让场景更加生动。我希望扩写后的文字能够突出小明的篮球技术和他对篮球的热爱。

A "阳光热烈地洒在学校的操场上，仿佛给大地披上了一层金色的外衣。只见小明身着运动装，脚蹬篮球鞋，满脸兴奋地在操场上打篮球。他身姿矫健，灵活地运球，篮球在他的手中如同一个听话的伙伴，随着他的动作快速地移动。小明时而

快速突破，如同一道闪电，让对手防不胜防；时而高高跃起，精准地投篮，篮球在空中划过一道优美的弧线，准确无误地落入篮筐。他的眼神中充满了对篮球的热爱和执着，每一个动作都充满了力量和激情，仿佛在与篮球进行一场亲密的对话。"

扩写后的段落通过对环境，小明的穿着、动作及眼神等方面的细节描写，突出了小明的篮球技术和他对篮球的热爱。

3.2.5　文本续写，续写故事延续风格

豆包在文本续写方面可以为你保持故事风格进行续写。可以这样提问：明确故事背景，如"这个悬疑故事的结尾设置了悬念，想要续写并保持悬疑风格，具体该怎么做"；描述人物性格，如"根据故事中人物的性格特点，续写时他们会有怎样的行动和决策"；对比不同续写思路，如"开放式续写和封闭式续写各有什么特点"；从情节发展出发，如"如何合理设计情节转折，使续写的故事更加精彩"；从主题深化入手，如"续写时如何进一步深化故事的主题"。

Q "小红走进一个神秘的花园，花园里开满了各种奇异的花朵。"，请根据这个开头续写一个故事，要求风格奇幻，情节引人入胜。我希望故事充满想象力，有一个精彩的结局。

A 小红走进一个神秘的花园，花园里开满了各种奇异的花朵。这些花朵有的如星星般闪烁，有的似火焰般跳动，还有的仿佛会说话，发出轻轻的呢喃声。小红被眼前的景象惊呆了，她小心翼翼地向前走去，生怕惊扰了这些神奇的花朵。

突然，一朵巨大的蓝色花朵向她微微倾斜，花瓣中飘出一缕缕彩色的烟雾。小红好奇地伸出手去触摸烟雾，瞬间，她感觉自己的身体变得轻飘飘的，仿佛要飞起来一样。接着，她真的飞了起来，被烟雾带着飞向花园的深处。

在花园的深处，小红发现了一座古老的城堡。城堡的大门紧闭着，但周围环绕着一群可爱的小精灵。小精灵们看到小红，纷纷围了过来，带着她来到城堡的门前。门缓缓打开，里面散发出神秘的光芒。

小红走进城堡，发现里面摆满了各种奇珍异宝。城堡的中央有一本巨大的魔法书。小红轻轻地翻开魔法书，书中的文字仿佛活了过来，向她讲述着这个神秘花

园的故事。原来，这个花园是一个被遗忘的魔法世界，只有心地善良的人才能进入。

小红在花园中度过了一段奇妙的时光，她学会了很多魔法。最后，当她准备离开的时候，花园中的花朵和小精灵们都来为她送行。小红带着满满的回忆和魔法的力量走出了花园，回到了现实世界。她决定用自己的魔法力量去帮助那些需要帮助的人，让世界变得更加美好。

这个故事充满了奇幻色彩，情节引人入胜，结局也很精彩，小红通过在神秘花园的经历，获得了力量。

3.2.6　剧本创作，情节设计

豆包在剧本创作方面可以为你提供格式规范和情节设计的建议。可以这样提问：明确剧本类型，如"创作一部喜剧剧本，格式上有哪些要求"；描述主题，如"以友情为主题的剧本，情节应该如何设计"；对比不同题材的剧本，如"历史剧和科幻剧在情节设计上有什么不同"；从人物塑造出发，如"剧本中的主要人物应该具备哪些特点，才能推动情节发展"；从冲突设置入手，如"怎样在剧本中设置合理的冲突，以增强戏剧性"。

Q　我想创作一个以校园生活为背景的短剧剧本，但我不知道剧本格式，也不知道如何设计情节。请给我一些指导和建议，让我的剧本既有趣又有教育意义。我希望剧本能够反映一些校园生活中的问题，如学习压力、人际关系等。

A　《青春的烦恼与成长》

一、剧本格式指导

❶ 剧本标题页：包括剧本名称、作者姓名、创作日期。

❷ 场景标题：每个场景都要有一个明确的标题，标明场景的地点和时间。

❸ 角色列表：列出剧中所有的角色名称及其简要描述。

❹ 对话和动作描述：用简洁明了的语言描述角色的对话和动作，注意格式规范，如对话要缩进，动作描述要用括号括起来。

❺ 场景转换：用"转场"等字样标明场景的转换。

二、情节设计建议

......

三、剧本示例

......

第四幕：和解与成长

场景：教室，白天

（老师找小红谈话，让她理解小明的压力。小红决定向小明道歉。）

小红：小明，对不起，我不该说那些话。我知道你压力很大，我以后会多理解你的。

小明：没关系，我也不该对你发脾气。其实你说得对，学习不是生活的全部，我也应该多和同学们交流。

（两人握手言和，成了好朋友。小明也开始尝试参加一些活动，放松自己。在老师和同学的帮助下，小明逐渐学会了如何平衡学习和生活，变得更加自信和开朗。）

第五幕：收获与展望

场景：毕业典礼，白天

（小明和小红都考上了理想的学校。他们在毕业典礼上回忆起自己的校园生活，感慨万千。）

小明：这三年，我经历了很多困难和挑战，但也收获了很多。我学会了如何面对压力，如何与人交流，成长了很多。

小红：是啊，我们都长大了。以后的路还很长，我们要继续努力。

（两人相视一笑，充满信心地走向远方。）

希望这个剧本示例能给你一些启发，祝你创作顺利！

3.2.7 视频脚本，情节设计建议

豆包在视频脚本方面能够为你提供情节设计的建议。可以这样提问：明确视频类型，如"制作一个广告视频脚本，有哪些要点"；描述目标受众，如"为儿童制作的教育视频，脚本应该如何设计"；对比不同风格的视频脚本，如"搞笑风格和感人风格的视频脚本在情节安排上有什么不同"；从画面呈现出发，如"如何通过画面描述和镜头切换来展现情节"；从音效搭配入手，如"什么样的音效可以增强视频脚本的表现力"。

Q 我要制作一个关于环保的短视频，需要一个情节生动的视频脚本。请帮我设计一个视频脚本，包括画面描述、台词和音乐等元素。我希望视频能够引起观众的共鸣，激发大家的环保意识。

A 以下是一个关于环保的短视频脚本：

镜号	画面描述	台词	音乐
1	美丽的自然风景，蓝天白云、青山绿水、鸟儿飞翔	旁白：在这个美丽的地球上，我们拥有着大自然的恩赐	轻快的自然音乐
2	城市街道上，垃圾遍地，河流被污染	旁白：然而，随着人类的发展，我们的环境也面临着严重的威胁	低沉的音乐
3	一个小女孩看到地上的垃圾，皱起了眉头	小女孩：这些垃圾好脏啊，我们的地球不应该是这样的	音乐渐弱
4	小女孩捡起地上的垃圾，放入垃圾桶	旁白：一个小小的举动，却能带来大大的改变	轻快的音乐响起
5	其他人看到小女孩的行为，纷纷加入进来，一起清理垃圾	大家：让我们一起行动起来，保护我们的地球	激昂的音乐
6	画面切换到美丽的公园，人们在公园里散步、玩耍，享受着大自然的美好	旁白：只要我们每个人都付出一点努力，我们的地球就会变得更加美丽	欢快的音乐
7	画面渐暗，出现字幕：保护环境，从我做起	无	音乐渐弱

这个视频脚本通过小女孩的行为引发大家的环保行动，画面生动，台词简洁有力，音乐能够很好地烘托气氛，引起观众的共鸣，激起大家的环保意识。

3.3 绘画小助手

在绘画的奇妙世界里，豆包以绘画小助手的身份，为你开启一场充满创意与惊喜的艺术之旅。

3.3.1 风格展示，手法特点解析

使用豆包可以便捷地生成所需的图画。在输入框上方，单击"图像生成"按钮，再单击"模板"按钮，将会看到各个模板选项。选择合适的"比例"和"风格"后，输入图画内容，如图3-17所示，然后按Enter键，豆包便能快速生成符合要求的图画。

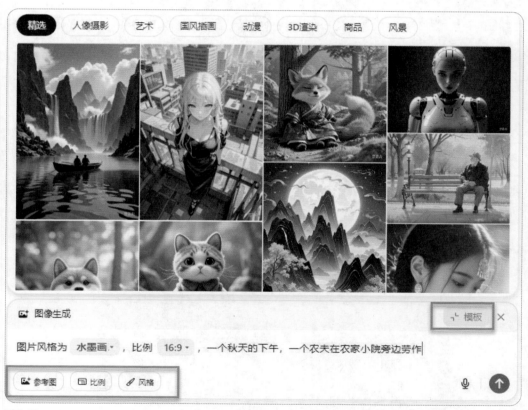

图 3-17

豆包一次生成了多张图片，如图3-18所示。

帮我生成图片：图片风格为「水墨画」，比例「16:9」，一个
秋天的下午，一个农夫在农家小院旁边劳作

图 3-18

单击图片，可以修改图片的比例及局部内容，如图3-19所示。

图 3-19

如果想擦除图中的某处内容，如图3-20所示的门前的花丛，可以选择需要擦除的区域。

擦除所选区域

图 3-20

单击"擦除所选区域"按钮，即可完成擦除，效果如图3-21所示。

图 3-21

如果想修改某个区域的图像，单击该处，然后在输入框中输入要修改的内容，如"一块菜地"，如图3-22所示。

图 3-22

按Enter键，图片修改完成，效果如图3-23所示。

图 3-23

当然，也可以直接在输入框中输入提示词："帮我生成图片：图片风格为「水墨画」，比例「16:9」，一个秋天的下午，一个农夫在农家小院劳作"，生成符合要求的图片，如图3-24所示。

图3-24

3.3.2　技巧指导，基本讲解运用

除了可以生成图片，豆包还可以为我们提供绘画技巧指导。可以这样提问：明确技巧领域，如"绘画中的色彩搭配技巧有哪些"；描述具体问题，如"画人物肖像的五官时，有什么技巧"；对比不同技巧效果，如"画油画时，厚涂和薄涂在视觉效果上的区别是什么"；从实践角度出发，如"如何在实际创作中运用某种技巧"；从学习难度入手，如"哪种技巧比较容易掌握，适合初学者"。

Q 我在学习素描，想提升自己的绘画技能。请给我提供一些素描基本技法，包括构图、线条、明暗等方面。我希望能够通过学习这些技法，画出更加写实的素描作品。

A 素描基本技法：

构图：构图是素描的重要环节。首先要确定画面的主体，并将其放在画面的中心或黄金分割点上，以吸引观者的注意力。同时，要注意画面布局的平衡，避免出现一边"重"一边"轻"的情况。通过调整物体的大小、位置，以及绘画视角，可以找到更恰当的构图方式。

线条：线条是素描的基础。在素描中，线条可以用来表现物体的轮廓、结构和质感。要注意线条的粗细、轻重和疏密变化，以表现物体的不同部分和光影效果。例如，在表现物体的暗部时，可以用较粗的线条和较重的力度；在表现物体的亮部时，可以用较细的线条和较轻的力度。

明暗：明暗是表现物体立体感和空间感的重要手段。首先要学会观察物体的光影变化，确定光源的方向和强度。然后用不同程度的明暗来表现物体的受光面、背光面和投影。可以通过排线的方式来表现明暗，注意排线要均匀、细腻，避免出现杂乱无章的情况。同时，明暗的过渡要自然，不能出现明显的分界线。

在运用这些技巧时，要多进行观察和练习，不断提升自己的绘画技能。日常还可以通过临摹优秀的素描作品、写生等方式来提高自己的绘画技法。

3.3.3　创意启发，提供创作灵感

豆包在创意启发方面可以为用户提供灵感。对豆包的提问可以从以下几个角度展开：明确创意需求，如"设计一个广告创意，从哪些方面入手"；描述创意困境，如"缺乏灵感时，有哪些方法可以激发创意"；对比不同创意途径，如"从自然中获取灵感和从历史文化中获取灵感有什么不同"；从生活经验出发，如"日常生活中的哪些经历可以成为创意的来源"；从跨领域合作入手，如"与其他领域合作可以带来哪些创意启发"。

Q 我在绘画创作时常常缺乏灵感，请给我一些创意启发的方法和灵感，让我能够更好地发挥自己的创造力。我希望能够从不同的领域获取灵感，创作出独特的绘画作品。

A 创意启发方法和灵感：

观察生活：生活是艺术的源泉，要善于观察身边的事物，从日常生活中获取灵感。可以通过观察人物的表情、动作、姿态，自然景观的变化，建筑物的结构等，发现细节和有趣的故事，为绘画创作提供素材。

阅读书籍：阅读各种类型的书籍，包括小说、诗歌、传记等。通过阅读拓宽视野，激发想象力。书中的情节、人物、场景等都可以成为绘画的灵感来源，如读完一本小说后，可以根据小说中的情节和人物形象进行绘画创作。

欣赏艺术作品：欣赏不同类型的艺术作品，如绘画、雕塑、摄影、电影等，可以学习到各种艺术表现手法和创意。可以从当今中外艺术家的作品中汲取灵感，获取新的创意和思路。

旅行：旅行可以让你接触到不同的文化、风景和人，为绘画创作带来丰富的灵感。可以在旅行中拍摄照片、记录感受，回来后根据这些素材进行绘画创作。

梦境和幻想：梦境和幻想是创造力的宝库，可以将梦境中的奇妙场景和幻想中的故事转化为绘画作品。在睡醒后立即记录梦境的内容，或者在闲暇时进行幻想并用画笔将幻想的内容表现出来。

3.3.4 挑战练习，巩固强化技能

豆包可以为用户提供练习方法以帮助用户强化技能。在提问时，可以这样：明确练习目标，如"为了提高写作能力，有哪些练习方法"；描述技能短板，如"我绘画时在色彩运用方面比较薄弱，有哪些针对性的练习方法"；对比不同练习难度，如"初级挑战练习和高级挑战练习在练习内容上有什么不同"；从时间安排出发，如"如何制订一个合理的挑战练习计划"；从反馈机制入手，如"怎样在挑战练习中获得有效反馈，以便不断改进"。

Q 我想通过一些绘画练习来提升自己的技能。请给我提供一些绘画挑战练习，帮助我巩固和强化绘画技能。我希望这些挑战练习能够有一定的难度，让我在挑战中不断进步。

A 绘画挑战练习：

限时速写：设定一个较短的时间，如10分钟或15分钟，选择一个物体或场景进行速写。在有限的时间内，要尽可能准确地表现出物体的形状、比例和特征。这个练习可以提高你的观察力和快速表现能力。

……

主题创作：选择一个特定的主题，如"城市风景""动物世界""人物肖像"等，进行绘画创作。在创作过程中，要充分发挥自己的想象力和创造力。这个练习可以提高你的主题表达能力和创作能力。

3.4　教育培训帮手

在教育领域，豆包以教育培训帮手的身份强势登场。它可以进行：课程设计，根据需求，打造个性化学习方案；作业批改，给予错误反馈，助力学习进步；生成实例，辅助讲解内容，让知识更易理解；育儿咨询，解答问题，为家长排忧解难；数学解答，提供解题思路，助力攻克难题；升学规划，为学子指引方向；幼儿活动指导，给予活动评估，让幼儿在快乐中成长。豆包全方面覆盖教育的各个领域，已经成为教育路上的得力伙伴，为每一个渴望成长与进步的人提供支持。

3.4.1　课程设计，根据需求确定方法

豆包可以根据用户需求为用户进行课程设计。提问时可以这样：明确课程目标，如"设计一门英语课程，目标是提高口语表达能力，应该怎么做"；描述教学对象特点，如"针对小学生设计课程，要考虑哪些因素"；对比不同课程类型，如"理论课程和实践课程在设计时有何不同"；从教学资源出发，如"有哪些教学资源可以用于课程设计"；从

教学方法入手，如"哪种教学方法更适合特定的课程目标"。

Q 我要为小学生设计一门趣味科学课程，不知道如何确定课程目标和教学方法。请给我一些建议和指导，让课程既有趣又有教育意义。我希望课程能够激发小学生对科学的兴趣，培养他们的科学思维和增强实践能力。

A 确定课程目标时可以从以下几个方面入手：

了解小学生的年龄特点和认知水平：小学生通常好奇心强、喜欢动手操作，课程内容应符合他们的认知水平，避免有过于复杂的理论知识。

与学校的教学目标和课程体系相结合：了解学校的其他科学课程设置，确保趣味科学课程能够与学校的教学内容相互补充，共同提升学生的科学素养。

......

实地参观：组织学生进行实地参观，如参观科技馆、动物园、植物园等，让学生在实际场景中学习科学知识。

小组合作学习：将学生分成几组，让每组成员共同完成一个科学项目或实验，培养学生的团队合作能力和沟通能力。

3.4.2　作业批改，辅助解题与错误反馈

豆包在作业批改方面，可以辅助学生进行解题与反馈答题错误。拍摄作业题目并上传，豆包即可识别题目，并进行详细解答。

单击输入框上方的"解题答疑"按钮，再单击"截图提问"按钮✄（豆包App用户是直接拍照），如图3-25所示。

图3-25

截取图3-26所示的问题。

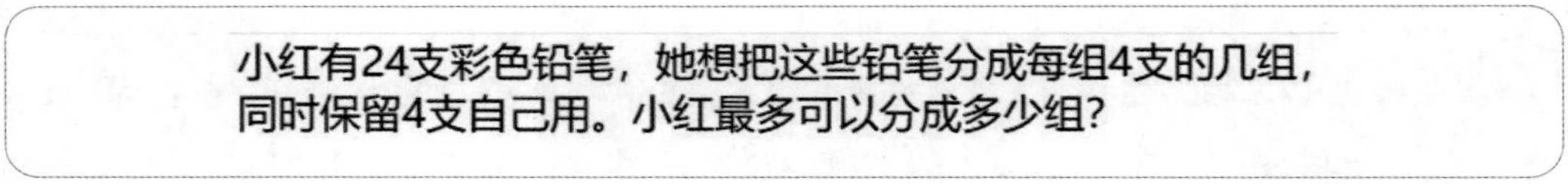

> 小红有24支彩色铅笔，她想把这些铅笔分成每组4支的几组，
> 同时保留4支自己用。小红最多可以分成多少组？

图3-26

上传到豆包的对话框后，豆包即可给出详细解答，如图3-27所示。

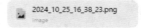
2024_10_25_16_38_23.png
Image

识别题目

小红有24支彩色铅笔，她想把这些铅笔分成每组4支的几组，同时保留4支自己用。小红最多可以分成多少组？

💡**解答**

分析

本题涉及除法运算的概念，我们可以先算出可用于分组的铅笔数量，再用这个数量除以每组的支数，就可以得到分组数。

详解

1. **计算可用于分组的铅笔数量**
   小红共有24支彩色铅笔，要保留 4 支自己用，那么可用于分组的铅笔数量为 24 - 4=20 支。
2. **计算分组数**
   每组 4 支铅笔，可用于分组的铅笔有 20 支，那么分组数为 20÷4 = 5 组。

总结

小红最多可以分成 5 组。

图3-27

在豆包完成解题后，用户还可以继续提问，或者让豆包给出类似的问题，如图3-28所示。

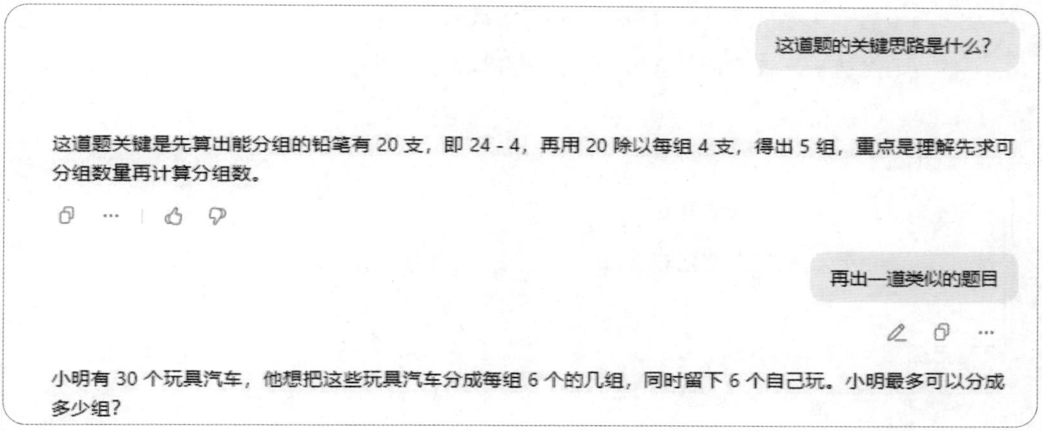

这道题的关键思路是什么?

这道题关键是先算出能分组的铅笔有 20 支，即 24 - 4，再用 20 除以每组 4 支，得出 5 组，重点是理解先求可分组数量再计算分组数。

再出一道类似的题目

小明有 30 个玩具汽车，他想把这些玩具汽车分成每组 6 个的几组，同时留下 6 个自己玩。小明最多可以分成多少组？

图 3-28

用户可以这样提问以优化使用体验：明确题目类型，如"这是三年级的数学应用题，豆包能否解析每一步并解答"；指定需要的解题步骤，如"希望看到详细的解题过程，帮助学生理解"；针对题目难点，如"这道题的关键思路是什么"等，以确保学生不仅能获得答案，还能真正理解问题内容。

3.4.3 实例生成，辅助讲解内容

豆包在实例生成方面可以辅助你讲解内容。提问时可以从以下几个角度展开：明确讲解内容，如"讲解数学公式时，需要哪些实例来辅助理解"；描述实例要求，如"需要有生动有趣的实例来辅助讲解历史事件，有哪些建议"；对比不同讲解方式，如"用图表实例和故事实例讲解知识有什么不同效果"；从学生理解角度出发，如"什么样的实例更容易被学生理解和接受"；从知识难度入手，如"对于复杂的知识，如何生成恰当的实例进行讲解"。

Q 我在讲解数学的几何部分时，需要一些具体的实例来辅助教学。请帮我生成一些几何实例，帮助学生更好地理解几何概念。我希望这些实例能够贴近学生的生活实际，让他们更容易理解和掌握几何知识。

A 以下是一些贴近生活实际的几何实例：

三角形：

自行车车架通常是三角形的结构，这是因为三角形具有稳定性。

三明治的形状可以看成是由两个三角形组成的。

路边的交通标志很多是三角形的，如警告标志。

······

圆柱体：

铅笔、罐装饮料等是圆柱体。

建筑物中的柱子很多是圆柱体。

······

3.4.4 辅助育儿，解答问题

豆包在辅助育儿方面能够解答用户的问题。提问时可以这样：明确育儿问题，如"孩子不爱吃饭怎么办"；描述孩子特点，如"我的孩子性格比较内向，如何引导他与人交往"；对比不同育儿阶段，如"幼儿期和青春期的育儿重点有何不同"；从教育方法出发，如"有哪些教育方法可以有效培养孩子的良好习惯"；从亲子关系入手，如"如何增进亲子关系，提升育儿效果"。

Q 我的孩子胆子很小，不知道如何让他更勇敢。孩子今年5岁，平时比较内向，不敢尝试新事物。请给我一些育儿经验和方法，帮助孩子克服胆小的问题。

A 以下是一些让孩子更勇敢的育儿经验和方法：

理解和接纳孩子的胆小：要理解孩子胆子小是正常的，不要批评或强迫孩子去做让他们害怕的事情。理解孩子的情绪，让他们感受到父母的支持。

逐步引导孩子尝试新事物：可以从一些容易做到的事开始，让孩子逐渐适应尝试的过程。例如，尝试一种新的食物、玩一个新的游戏等。

鼓励孩子表达自己的感受：鼓励孩子说出让他们害怕的事情，帮助他们分析害怕的原因，并一起寻找解决办法。

提供正面的榜样：父母可以在孩子面前表现得更勇敢，如尝试新的运动、面对困难不退缩等。

培养孩子的独立性：让孩子自己做一些力所能及的事情，如穿衣、吃饭、收拾玩具等，培养他们的自信心和独立性。

参加户外活动：带孩子参加一些户外活动，如爬山、露营等，让孩子接触大自然，锻炼他们的胆量。

阅读关于勇敢的故事：给孩子读一些关于勇敢的故事，让孩子从故事中学习勇敢的品质。

表扬和奖励孩子的勇敢行为：当孩子表现出勇敢的时候，要及时表扬和奖励他们，增强他们的自信心。

3.4.5 数学解答，提供解题思路

豆包在数学方面可以为用户提供解题思路。可以这样提问：明确数学问题类型，如"这道几何题应该从什么角度入手解答"；描述问题难点，如"这个代数问题的难点是什么，如何突破"；对比不同解题方法，如"用传统方法和创新方法解答同一道数学题有什么不同"；从知识基础出发，如"根据所学的数学知识，如何解决这个问题"；从思维方式入手，如"培养哪种思维方式有助于更好地解答数学问题"。

Q 这道数学题"观察以下数字序列：2，5，10，17，26，（ ），请给出括号内应填的数字，并说明规律"，请给我提供解题思路和步骤。

A 好的，以下是这道题的解题步骤：

解题步骤：

第一步：看相邻数字是怎么变的

一个一个地看这些数字，从前面往后面看，看看后面的数字和前面的数字相比，是怎么变化的。

2变成5，增加了多少？用5减去2，增加了3 。

5变成10，增加了多少？用10减去5，增加了5 。

10变成17，增加了多少？用17减去10，增加了7 。

17变成26，增加了多少？用26减去17，增加了9 。

第二步：找增加的数字有什么规律

每次增加的数字分别是3、5、7、9。仔细观察这些增加的数字，会发现它们都是

奇数，而且是一个比一个大，后面的数字比前面的数字大2。这好像是在排队，一个接着一个，按照奇数的顺序增大。

第三步：根据规律算出括号里的数字

已知规律是每次增加的数字按照连续奇数的顺序，那下一个数字要比26增加多少呢？前面增加到了9，下一个奇数就是比9大2的，也就是11。

所以括号里的数字是在26的基础上再增加11，即26加上11等于37。

所以，括号里应该填的数字是37。

3.4.6　升学顾问，发展前景规划

豆包在升学方面能够为用户提供发展前景规划。提问时可以这样：明确升学阶段，如"初中升高中，应该如何选择学校"；描述学生情况，如"我的孩子成绩中等，有哪些适合的升学途径"；对比不同升学方向，如"国内升学和国外留学各有什么优势"；从专业选择出发，如"根据孩子的兴趣爱好，如何选择合适的专业"；从未来发展入手，如"考虑未来的就业前景，如何进行升学规划"。

Q 我的孩子即将面临小升初，不知道如何选择合适的初中。请给我一些建议，包括了解学校信息和规划孩子的升学前景。我希望能够为孩子选择一所适合他的初中，为他未来的发展打下良好的基础。

A 以下是一些升学建议：

了解学校的教学质量：通过了解学校的中考成绩、师资力量、教学设施等来评估学校的教学质量。

……

考虑孩子的未来发展方向：如果孩子未来想上重点高中，可以选择教学质量较高的初中；如果孩子未来想走职业教育路线，可以选择有职业教育特色的初中。

培养孩子的综合素质：在选择初中的同时，要注重培养孩子的综合素质，如学习能力、思维能力、创新能力、沟通能力等，这些能力对孩子的未来发展非常重要。

关注教育政策：根据教育政策的变化，及时调整孩子的升学规划，以适应不断变化的教育环境。

3.4.7　幼儿活动，活动指导与评估

　　豆包可以为幼儿活动提供指导和作出评估。在提问时，可以从以下角度展开：明确活动类型，如"适合幼儿的手工活动有哪些"；描述活动目的，如"组织一场亲子活动，要达到什么效果"；对比不同活动难度，如"简单的幼儿活动和复杂的幼儿活动在组织上有什么不同"；从安全角度出发，如"在幼儿活动中如何确保安全"；从教育价值入手，如"哪些幼儿活动具有较高的教育价值，如何评估活动效果"。

Q 我要组织一场幼儿园的亲子活动，不知道如何进行活动指导和评估。请给我一些指导方案和评估方法，让活动更加成功。我希望活动能够增进家长和孩子之间的感情，同时也能够促进孩子的身心发展。

A 活动指导方案：

确定活动主题：选择一个适合幼儿园孩子和家长参与的主题，如 "亲子运动会" "亲子手工制作" "亲子户外探险" 等。

制订活动计划：根据活动主题，制订详细的活动计划，包括活动时间、地点、流程、参与人员等。

……

活动评估方法：

观察法：在活动现场，观察家长和孩子的参与度、互动情况、情绪状态等，评估活动的效果。

问卷调查法：活动结束后，向家长发放问卷，了解他们对活动的满意度、意见和建议等，以便改进今后的活动。

交流反馈法：通过与孩子交流，了解他们对活动的感受和活动中收获，评估活动对孩子的身心发展是否有促进作用。

教师评估法：组织参与活动的教师进行评估，从专业的角度分析活动的优点和不足之处，为今后的活动提供参考。

第**4**章

豆包应用
实例——
工作篇

在快节奏的职场中，你是否渴望拥有一个全能助手？豆包强势登场，为你排忧解难！无论是处理邮件、制订工作计划，还是进行营销或精准投资，抑或是助力求职招聘、提升代码编程能力，豆包都能胜任，成为你最得力的伙伴。

4.1 高效职场助手

在竞争激烈的职场中，高效与专业是成功的关键。而豆包，宛如一位强大的职场助手，为你开启高效工作的大门。无论是高效处理邮件还是制订工作计划，无论是给出职场有效沟通的话术还是生成日报；从制定规章制度到传授办公软件的技巧，从撰写数据翔实的调研报告到规划逻辑清晰的PPT大纲，无论是独特的调色功能还是总结业绩的述职报告、展示数据的图表等，都是豆包在职场中的卓越能力。

4.1.1 邮件处理，规范专业高效

豆包能够助力用户规范、专业、高效地处理邮件。在提问时，可以明确问题场景，如"回复重要客户邮件时怎样做到规范、专业"，指出具体需求，如"写一封催款邮件，要有效且不失礼貌，该怎么写"；提供关键信息，如"已知某某情况，邮件开头怎么表述合适"；说明邮件类型，如"请示汇报类邮件的格式是怎样的，话风有哪些特点"；阐述收件对象特点，如"给上级领导发邮件，如何确保规范、专业、高效"；询问邮件优化建议，如"这封邮件还能怎么改进以使其更专业、高效"。

Q 我在一家外贸公司工作，现在要给重要客户发一封关于产品延迟交货的理由说明邮件。客户非常注重细节和专业性，我该如何确保邮件格式规范、语言表达专业且能有效地传达我们的解决方案呢？同时附上一份我之前写的邮件草稿供参考：

"Dear customer,

We are sorry to inform you that the delivery of your order will be delayed.Due to some unforeseen circumstances, our production process has been disrupted.We are doing everything we can to resolve the issue as soon as possible.

Best regards,

[Your Name]"

A 以下是一封更规范、专业且高效的邮件。

Subject: Delay in Delivery of Your Order

Dear [Customer Name],

We sincerely apologize for the inconvenience caused by the delay in the delivery of your highly anticipated order.As you are one of our most valued customers, we understand the importance of timely deliveries and are deeply sorry for this unforeseen situation.

......

We understand that this delay may have an impact on your business operations, and we are committed to minimizing any inconvenience.As a token of our apology, we are offering a [specific incentive or discount] on your next order.

We will keep you updated on the progress of your order and provide you with a new estimated delivery date as soon as possible.In the meantime, if you have any questions or concerns, please do not hesitate to contact us.

Thank you for your understanding and continued support.

Best regards,

[Your Name]

4.1.2 工作计划，明确目标、步骤

豆包在制订工作计划方面可以为用户提供有力支持，以明确实现目标的步骤。在对豆包进行提问时，可以明确工作领域，如"软件开发项目的工作计划怎么制订"；说明时间范围，如"一周内要完成的任务，工作计划如何安排"；指出关键目标，如"以提高用户满意度为目标，工作计划应包含哪些步骤"；阐述资源限制，如"在人力有限的情况下，工作计划该如何调整"；提供已有任务信息，如"已知这些具体任务，怎样将其合理安排到工作计划中"；询问工作计划的优化方向，如"这份工作计划怎样改进能更明确实现目标的步骤"。

 我负责一个新产品的市场推广项目，团队成员包括市场专员、设计师和销售人员。我们的目标是在3个月内提高产品的知名度和市场份额。请帮我制订一个详细的工作计划，明确各个阶段的目标和具体实施步骤。同时说明目前我们已经完成了市场调研，确定了目标客户群体和竞争对手的情况。

《新产品市场推广工作计划》

一、项目背景

我们负责推广一款新产品，通过市场调研，已经确定了目标客户群体和竞争对手的情况。现需要在3个月内提高产品的知名度和市场份额。

二、团队成员及职责

市场专员

　　负责制订推广策略和计划。

　　组织和执行各类市场推广活动。

　　收集和分析市场反馈信息。

......

三、工作阶段及目标

第一个月：提高产品知名度

目标：让目标客户群体对产品有初步的了解。

具体步骤：

　　制定详细的推广策略，包括线上和线下推广渠道。

　　设计并制作产品宣传资料，如海报、宣传单、产品手册等。

　　建立产品官方网站和社交媒体账号，发布产品信息和宣传内容。

　　举办产品发布会或推介会，邀请目标客户群体和媒体参加。

　　与行业媒体合作，发布产品新闻稿和评测文章。

......

四、注意事项

❶ 团队成员之间要密切沟通和协作，确保推广工作的顺利进行。

❷ 要及时收集和分析市场反馈的信息，根据反馈调整推广策略。

❸ 要严格控制推广成本，确保在预算范围内完成推广任务。

❹ 要关注竞争对手的动态，及时调整推广策略，保持竞争优势。

4.1.3 职场话术，有效沟通技巧

　　豆包可以帮助用户掌握职场话术，以便其在工作中实现更有效的沟通。在提问时，可以明确沟通场景，如"向上级汇报工作时用什么话术合适"；说明沟通对象的特点，如"与性格强势的同事沟通，有哪些有效话术"；指出具体问题，如"如何委婉地拒绝同事的不合理要求"；阐述沟通目的，如"想要说服领导采纳自己的方案，话术该怎么组织"；提供已有沟通内容，如"我这样说对方不太满意，该怎么改进话术"；询问通用的职场沟通技巧，如"有哪些话术能提升职场沟通的效果"。

Q 我在项目会议上提出了一个新的方案，但遭到了部分同事的反对。他们认为我的方案风险太大、成本过高。我该如何运用职场话术来回应他们的质疑，实现有效沟通并获得他们的支持呢？同时描述一下会议的具体情况和同事的主要观点。

A 在这种情况下，可以使用以下话术进行回应。

"各位同事，我非常理解大家对我的方案提出的担忧。确实，风险和成本是我们在项目中需要重点考虑的因素。但是，我也想请大家从另一个角度来看待这个方案。首先，关于风险方面，我已经对可能出现的风险进行了充分的评估，并有相应的应对措施。我们可以一起探讨这些措施的可行性，看看是否能够有效地降低风险。其次，关于成本问题，虽然前期投入可能会比较高，但是从长远来看，这个方案有望带来更高的回报。我们可以对成本和收益进行更详细的分析，以便做出更明智的决策。最后，我相信我们的目标是一致的，都是为了项目的成功。让我们一起开放地讨论这个方案，共同寻找一个最佳的解决方案。"

会议具体情况描述：

在项目会议上，大家正在讨论项目的下一步计划。你提出了一个新的方案，旨在提高项目的效率。然而，部分同事对这个方案表示反对，他们认为方案风险太大、成本过高，可能会对项目的进度和预算造成影响。同事的主要观点包括：

担心方案实施过程中会出现不可预见的问题，导致项目失败；认为成本过高，超出了项目的预算范围；对方案的可行性表示质疑，认为可能无法达到预期的效果。

4.1.4 日报生成，总结分析问题

豆包能够在日报生成方面给予用户指导，以便用户能更好地总结、分析问题。在提问时，可以明确工作内容领域，如"软件开发工作的日报怎么写"；说明特定时间段的重点任务，如"今天主要完成了某某任务，日报该如何总结分析"；指出遇到的问题及解决情况，如"遇到技术难题并解决了一部分，在日报中怎么体现"；阐述成果与进展，如"完成了项目的某个阶段，日报要突出哪些方面"；提供数据支持，如"完成了若干任务量，日报中如何用数据进行总结分析"；询问日报的格式规范，如"专业的日报有哪些格式要求"。

Q 我今天参与了一个复杂的项目，涉及多个部门的协作。在项目推进过程中，遇到了一些技术难题且沟通上有障碍。请帮我写一份日报，总结今天的工作进展，分析存在的问题，并给出明天的工作计划。同时提供一些今天的工作记录和会议纪要供参考。

A 《工作日报》

一、今日工作进展

❶ 参与复杂项目的推进工作，与多个部门的成员进行了沟通和协作。

❷ 对项目中的部分任务进行了深入研究和分析。

二、今日工作记录

上午：

　　与技术部门的同事讨论项目中的技术难题，共同探讨可能的解决方案。

　　查阅相关技术资料，为解决技术难题做准备。

......

三、会议纪要

会议主题：复杂项目推进会议

会议时间：[具体时间]

会议地点：[具体地点]

参会人员：各部门相关成员

会议内容：

......

四、明日工作计划

❶ 与技术部门继续合作，深入研究技术难题，尝试不同的解决方案，争取尽快解决问题。

❷ 建立有效的沟通机制，加强与各部门之间的沟通和协作。例如，定期召开沟通会议、使用即时通信工具等，确保信息及时传递和问题及时解决。

❸ 跟进项目任务的进展情况，确保各项任务按时完成。

❹ 整理今日会议中提出的问题和建议，制定相应的改进措施，为项目的顺利推进提供保障。

4.1.5 规章制度，制定标准规范

豆包可以协助用户制定标准、规范的规章制度。在提问时，可以明确行业领域，如"互联网行业的规章制度如何制定"；说明企业规模和特点，如"小型创业公司的规章制度制定应着重体现哪些方面"；指出特定问题，如"员工经常迟到，规章制度该怎么完善"；阐述目标和期望，如"希望提高团队协作效率，规章制度应包含哪些规范"；提供已有制度基础，如"现有部分制度，如何进一步优化成标准规范的规章制度"；询问制度执行的有效方法，如"怎样确保规章制度能有效执行"。

Q 我们公司是一家创业公司，员工人数在不断增加，管理逐渐变得混乱。我们需要制定一套完善的规章制度，规范员工的行为和工作流程。请帮我们制定一个规章制度的框架，包括考勤制度、绩效考核制度、奖惩制度等，同时说明公司的文化和价值观。

A 《[公司名称]规章制度框架》

一、公司文化与价值观

❶ 公司使命：阐述公司的使命，明确公司存在意义。

❷ 公司愿景：描述公司的长远目标和理想状态。

……

二、考勤制度

❶ 工作时间：明确公司的工作时间，包括上下班时间、午休时间等。

❷ 考勤方式：规定考勤的方式，如打卡、签到等。

❸ 迟到、早退和旷工的定义及处理办法：

迟到：规定迟到的时间范围和相应的处罚措施。

早退：规定早退的时间范围和相应的处罚措施。

旷工：规定旷工的定义和严重后果。

……

四、奖惩制度

❶ 奖励制度：

奖励类型：物质奖励和精神奖励，如奖金、奖品、荣誉称号等。

奖励条件：明确获得奖励的具体条件，如工作业绩突出、提出创新建议等。

奖励流程：规定奖励的申请、审批和发放流程。

❷ 惩罚制度：

惩罚类型：警告、罚款、降职、辞退等。

惩罚条件：明确违反公司规定的行为和相应的惩罚措施。

惩罚流程：规定惩罚的实施流程和申诉机制。

五、其他制度

……

以上是一个创业公司规章制度的框架，你可以根据公司的实际情况进行完善。在制定规章制度的过程中，要充分考虑公司的文化和价值观，确保规章制度与公司的发展方向一致，同时要广泛征求员工的意见和建议，以提高规章制度的可执行性和员工对规章制度的认可度。

4.1.6 办公软件，熟练运用技巧

豆包能够帮助用户熟练运用办公软件。在提问时，可以明确办公软件名称，如"Excel有哪些高效的数据处理技巧"；说明具体任务场景，如"用Word处理长文档，怎样快速设置格式"；指出遇到的问题，如"PowerPoint中动画效果不流畅怎么办"；阐述特定需求，如"想在Outlook中高效管理邮件，有什么技巧"；提供软件版本信息，如"如何用最新版的Adobe Acrobat进行文档编辑"；询问不同软件协同使用的技巧，如"Excel和Word如何配合使用更高效"。

我有一个包含日期和销售额的表格，要求计算每个季度的累计销售额，但要考虑销售日期跨年的情况。例如，Q4的销售额不应与下一年的Q1合并计算。你需要用复杂的公式来处理这个问题（数据如图4-1所示，该图片以截图方式上传）。

图 4-1

可以使用SUMIFS函数来按季度计算跨年销售额。假设日期在A列，销售额在B列。

计算2022年第一季度销售额（Q1）：

=SUMIFS(B2:B10, A2:A10, ≥&DATE(2022,1,1), A2:A10, ≤&DATE(2022,3,31))

计算2022年第二季度销售额（Q2）：

=SUMIFS(B2:B10, A2:A10, ≥&DATE(2022,4,1), A2:A10, ≤&DATE(2022,6,30))

以此类推，每个季度更改日期范围即可。

解释：

SUMIFS 函数用于条件求和。

第一个条件 A2:A10, ≥&DATE(2022,1,1) 指定了起始日期（Q1的开始）。

第二个条件 A2:A10, ≤&DATE(2022,3,31) 指定了截止日期（Q1的结束）。

通过调整日期范围，可以计算每个季度的累计销售额，并确保跨年时Q4与下一年的Q1不会混淆。

这种方式可以解决复杂的季度累计销售额汇总问题，尤其适用于涵盖多个年份的销售数据分析。

4.1.7 调研报告，数据分析

豆包在调研报告的数据分析方面可以发挥重要作用。在提问时，可以明确调研主题，如"关于消费者行为的调研报告如何进行数据分析"；说明数据来源，如"有问卷调查和访谈数据，怎么进行综合分析"；指出特定需求，如"要突出市场趋势，分析应从哪些方面入手"；阐述分析目的，如"要为产品改进提供依据，调研报告的数据怎么分析更有效"；提供已有分析框架雏形，如"我有一个初步的分析框架，怎么完善才能使数据更翔实"；询问数据可视化的方法，如"用图表展示分析结果时怎样才能更直观"。

Q 我要写一份关于消费者购买行为的调研报告，已经收集了一些问卷调查数据和访谈记录。请帮我分析这些数据，得出有价值的结论，并提出针对性的建议。同时提供一些具体的调研问题和数据样本供参考。

A 以下是对消费者购买行为调研报告的分析、结论和建议：

一、数据分析

对于最看重因素的分析：

在收集的数据中，有40%的消费者表示在购买商品时最看重质量。这反映出消费者对于产品的品质有着较高的要求，他们希望购买到质量可靠的商品，以确保能够获得良好的使用体验。

品牌也是消费者考虑的一个重要的因素，占比为30%。这说明消费者对品牌的认知度和信任度在是否购买的决策中起着关键作用，品牌代表着一定的品质保证和声誉，能够给消费者带来安全感。

价格因素占比为20%，表明部分消费者在购买商品时会对价格进行比较，寻找性价比高的产品。

功能和外观占比均为10%，虽然不是主要因素，但对于特定的消费者群体来说，这两个方面可能会成为决定性因素。

……

二、结论

通过对问卷调查数据和访谈记录的分析，可以得出以下结论：

❶ 消费者在购买商品时，质量、品牌和价格是他们最看重的因素。企业应注重提高产品质量，树立良好的品牌形象，进行合理定价，以满足消费者的需求。

❷ 网络广告、朋友推荐和实体店展示是消费者了解商品信息的主要渠道。企业应加大在网络平台上的广告投入，同时注重口碑营销，提高产品质量和服务水平，以获得消费者的推荐。

……

三、建议

❶ 在产品方面，企业应加强产品质量控制，确保产品的品质。同时，不断创新，提高产品的功能和优化外观设计，满足消费者的个性化需求。根据消费者的预算范围，推出不同价格档次的产品，提高产品的市场竞争力。

❷ 在营销方面，加大在网络平台上的广告投入，提高品牌知名度。开展促销活动，如打折、满减、加送赠品等，吸引消费者购买。注重口碑营销，提高产品质量和服务水平，积极回应消费者的反馈，鼓励消费者推荐给朋友。

❸ 在渠道方面，优化网络销售渠道，提升购物体验，如物流配送更快速、支付方式更便捷等。加强实体店的展示和体验，让消费者更好地了解产品。整合线上和线下渠道，实现全渠道营销，满足消费者不同的购物需求。

4.1.8 PPT 大纲，结构逻辑清晰

豆包可以助力用户规划出逻辑清晰的PPT大纲。在提问时，可以明确PPT主题，如"关于科技创新的PPT大纲怎么规划更有逻辑"；说明目的，如"用于项目汇报，大纲应突出哪些要点"；指出特定要求，如"在时间有限的情况下，如何精简大纲又不影响逻辑"；阐述受众特点，如"面向专业人士，大纲的深度和广度该如何把握"；提供已有内容框架，如"我有一些初步的观点，怎么组织成逻辑清晰的大纲"；询问PPT结构的创新方法，如"怎样让大纲更具创意和吸引力"。

Ⓠ 我要在公司内部做一个关于业务拓展计划的汇报，需要制作一个PPT。请帮我规划一个逻辑清晰的PPT大纲，包括引言、现状分析、目标设定、策略制定、实施步骤和总结展望等部分。同时说明汇报的目的和受众，以便我能更好地调整内容和风格。

Ⓐ 以下是一个关于业务拓展计划汇报的PPT大纲：

一、汇报目的和受众

汇报目的：向公司内部领导和同事介绍业务拓展计划，争取资源支持，推动计划的实施，以实现公司业务的增长和发展。

受众：公司管理层、各部门负责人及相关员工。

二、PPT 大纲

❶ 封面

　　标题：[公司名称]业务拓展计划汇报

　　汇报人：[你的名字]

　　汇报日期

……

❷ 致谢

　　感谢听众的聆听和支持

在制作PPT时，注意以下几点：

❶ 内容简洁明了，避免过多文字堆砌，可使用图表、图片等辅助说明。

❷ 风格专业、大气，色彩搭配协调，文字大小适中。

❸ 语言表达准确、流畅，避免使用过于专业的术语，确保受众能够理解。

❹ 注意控制汇报时间，避免过长或过短。

4.1.9　AI 调色板，搭配个性化色彩

豆包能够根据用户需求调出个性化色彩。在提问时，可以明确使用场景，如"设计品牌海报时，AI调色板如何调出独特的色彩组合"；说明风格偏好，如"想要营造复古氛围，AI调色板应怎么设置色彩"；指出特定元素，如"海报中有特定的主题元素，如何根据它确定色彩"；阐述情感需求，如"希望色彩能传达出活力与激情，AI调色板怎么操作"；提供参考案例，如"类似这样的作品风格，用AI调色板怎么实现相同的色彩效果"；询问色彩搭配原则，如"怎样让色彩搭配更和谐且更个性化"。

Q　我在设计一个品牌的宣传海报，需要使用AI调色板来搭配出个性化的色彩方案。品牌的定位是年轻、时尚、创新，目标客户群体是18—35岁的年轻人。请帮我选择一些适合的颜色，给出一个色彩方案，并说明选择这些颜色的理由。同时提供一些品牌的标志和宣传语供参考。

A 以下是一个适合年轻、时尚、创新品牌的色彩方案。

颜色选择：

......

科技蓝：代表着科技和未来，对于一个定位创新的品牌来说，科技蓝可以传达出品牌的前瞻性和创新性。

时尚粉：粉色是一种时尚、浪漫的颜色，深受大多数年轻女性的喜爱。在品牌宣传海报中加入时尚粉，可以增强海报的时尚感，使其更个性化，吸引更多的年轻消费者。

品牌标志和宣传语供参考：

品牌标志：一个简洁的图形标志，由线条流畅的几何形状组成，体现出品牌的现代感和创新精神。

宣传语："年轻无极限，时尚新潮流。" 或者 "创新引领时尚，活力绽放青春。"

4.1.10 述职报告，业绩亮点总结

豆包可以协助用户在述职报告中总结出业绩亮点。在提问时，可以明确职业领域，如"销售岗位的述职报告如何突出业绩亮点"；说明工作重点，如"我主要负责拓展新客户，述职报告中应怎样体现成果"；指出特定时间段，如"本季度的述职报告，有哪些业绩亮点可挖掘"；阐述面临的挑战及克服方法，如"在艰难的市场环境下取得了成绩，述职报告怎么突出亮点"；提供已有内容框架，如"我有一份初步的述职报告，怎么进一步提炼业绩亮点"；询问业绩展示的方式，如"怎样用数据和案例更好地呈现业绩亮点"。

Q 我在销售部门工作，今年的业绩非常出色，完成了公司规定的销售任务，并且开拓了一些新的客户和市场领域。请帮我写一份述职报告，总结我的工作业绩和亮点，分析成功的原因，并提出明年的工作计划和目标。同时提供一些具体的销售数据和客户案例供参考。

A 《销售述职报告》
尊敬的领导、各位同事：
大家好！

我是销售部门的[你的名字]，非常荣幸在这里向大家汇报我今年的工作情况。

一、工作业绩和亮点

❶ 销售业绩

今年成功完成了公司规定的销售任务，销售额达到了[具体销售额数字]，同比增长[增长百分比]。

在公司销售团队中排名[具体排名]，为公司的业务发展做出了重要贡献。

……

二、成功原因分析

❶ 专业的销售技巧和知识

不断学习销售知识和提升自己的销售技巧，掌握有效的客户沟通方法和销售策略。能够准确把握客户需求，为客户提供个性化的解决方案，提高了客户的满意度和购买意愿。

熟悉公司产品和服务的特点和优势，能够准确地向客户进行介绍和推广。通过专业的讲解和演示，让客户更好地了解公司的产品和服务，提升了客户的信任度和增加了购买信心。

……

三、明年工作计划和目标

❶ 销售业绩目标

明年计划实现销售额[具体销售额目标数字]，同比增长[增长百分比目标]。

在公司销售团队中继续保持领先位置，为公司的业务发展做出更大的贡献。

……

❷ 团队建设和培训

加强销售团队建设，提高团队的凝聚力和战斗力。计划组织团队培训和交流活动，分享销售经验和技巧，提升团队成员的业务水平。

培养和引进优秀的销售人才，充实销售团队。通过招聘、培训和激励等措施，吸引和留住优秀的销售人才，为公司的业务发展提供人才支持。

四、总结

回顾过去一年的工作，我在销售业绩、客户拓展和市场开拓等方面取得了一定的成绩。这些成绩的取得，离不开公司领导的关心和支持，离不开销售团队成员的共同努力，也离不开客户的信任和合作。在新的一年里，我将继续努力，不断提升自己的业务水平和综合素质，为公司的业务发展做出更大的贡献。

谢谢大家!

......

客户案例:

❶ [客户名称]是一家[客户行业或领域]企业,一直与我们的竞争对手合作。我们通过深入了解客户的需求和痛点,为客户提供了更优质的产品和服务。经过多次沟通和洽谈,客户最终选择了与我们合作。今年,该客户的订单量达到[具体订单量数字],为公司开拓了新的客户资源和市场。

4.1.11 图表生成,直观展示数据

豆包能够在图表生成方面为用户提供帮助,助力用户直观展示数据。

打开豆包对话界面,单击输入框上方的"数据分析"按钮,上传一份数据文件,如图4-2所示,数据内容如图4-3所示。

图 4-2

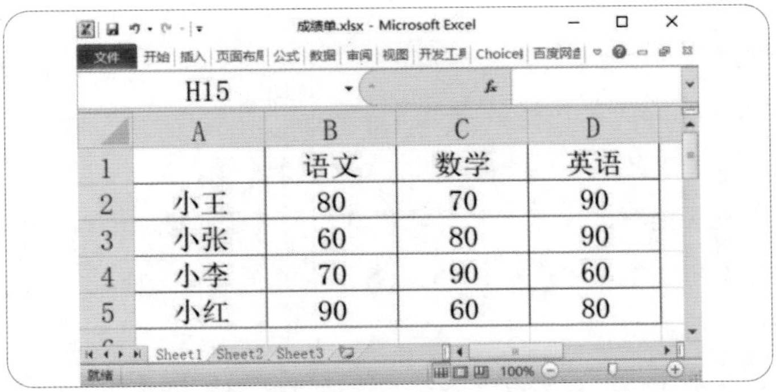

图4-3

输入提示语"请给出每个同学的弱项科目",单击输入框右侧的●按钮,或按Enter键,豆包即可开始分析数据文件,并完成分析统计,如图4-4所示。

图 4-4

继续输入提示语"请生成小王同学的成绩雷达图",按Enter键,豆包即可完成图表绘制,并生成雷达图文件链接,如图4-5所示。

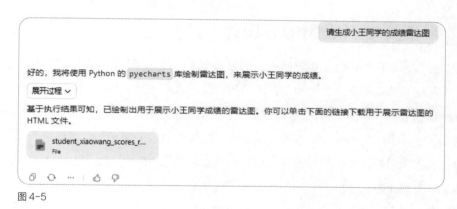

图 4-5

单击链接即可打开豆包生成的雷达图,如图4-6所示。

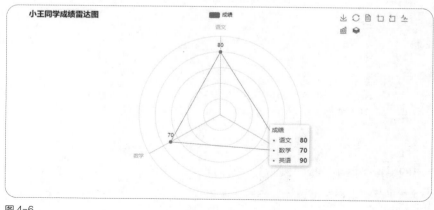

图 4-6

4.2　智能营销助手

在当今竞争激烈的商业环境中，营销的力量至关重要。而豆包，可以作为你的智能营销助手，助你开启成功营销的大门。无论是在小红书平台上制定精准有效的营销策略，让你的品牌迅速走红；还是设计情节吸引人的带货脚本，以提高销售转化率；从帮你掌握提高成功率的销售话术，到撰写引人注意的朋友圈文案；从创作充满创意、感染力强的广告文案，到打造鼓舞人心的鸡汤文案以增强企业文化——豆包几乎无所不能。本节将深入展示豆包在智能营销各个领域的卓越能力，帮助你在营销战场上脱颖而出，实现品牌的推广和业务的增长。无论你是营销新手，还是经验丰富的专业人士，豆包都能成为你最得力的营销助手。

4.2.1　带货脚本，吸睛情节设计

豆包可以协助用户设计出情节吸引人的带货脚本。在提问时，可以明确带货产品，如"电子产品的带货脚本怎么设计吸引人的情节"；说明目标受众，如"针对上班族，带货脚本如何吸引他们"；指出风格偏好，如"想要幽默风趣的风格，带货脚本怎么构思"；阐述关键卖点，如"产品的独特卖点是某某，在脚本中怎么突出"；提供场景设定，如"在家庭场景中，带货脚本怎样设计情节"；设置询问互动环节，如"如何在带货脚本中加入互动，以增大吸引力"。

进入豆包对话界面，单击输入框上方的"帮我写作"按钮，然后单击右侧的"模板"按钮，如图4-7所示。

图4-7

在弹出的模板类型中选择"脚本"，此时输入框中即给出了提示词模板，如图4-8所示，用户只需要在"主题"位置输入视频相关题材即可。

图 4-8

例如，输入"墨水屏手机"，豆包即生成了相应的视频脚本。

镜号	景别	画面	台词	时长	音乐或音效
1	全景	一个年轻人坐在阳光充足的窗边，手持普通手机，表情略显痛苦，频繁眨眼	你是不是手机阅读重度用户，常常被屏幕强光刺激，受眼疲劳困扰	8s	舒缓的阅读背景音乐
2	特写	切换到墨水屏手机外观，展示不同角度	现在，有一款专为你打造的墨水屏手机，它将改变你的阅读体验	6s	手机拿起的音效，轻快的提示音
3	中景	展示墨水屏手机在强光下依然清晰的画面，与普通手机对比	看，在强光下，它的屏幕依然清晰，没有刺眼的强光	8s	对比音效，风声音效
4	特写	墨水屏手机屏幕显示文字，手指滑动屏幕，文字流畅显示	文字显示清晰锐利，滑动流畅，给你舒适的阅读感受	10s	手指滑动屏幕音效，翻书页音效
5	中景	年轻人拿着墨水屏手机，开心地阅读，眼睛舒适放松	而且，它能有效减少蓝光对眼睛的伤害，让你长时间阅读时眼睛也不会感到疲劳	10s	舒缓的背景音乐逐渐加强
6	特写	展示手机的各种功能按键和操作界面，快速切换手机应用	它不仅是一款阅读"神器"，还具备多种实用功能，满足你的日常需求	8s	手机按键音效，手机应用切换音效
7	全景	年轻人在各种场景下使用墨水屏手机阅读，如在公交上、公园长椅上	无论你在哪里，都可以随时随地阅读	10s	环境音效（公交行驶声、鸟鸣声等），切换时音效过渡自然
8	特写	展示墨水屏手机品牌标志和购买信息	还在等什么？快来拥有这款墨水屏手机，开启你的阅读新旅程	8s	激励性的音乐节奏逐渐加快，音效突出关键信息

当然，用户直接在输入框输入提示词，也可以生成视频脚本。

Q 我要为一款智能手表制作一个推广视频，视频时长为3分钟左右。请都我设计一个情节吸引人的视频脚本，包括开场、产品介绍、功能演示、用户评价、结尾等部分。同时说明视频的风格和目标受众，以便我更好地调整内容和表现形式。

A 以下是一个3分钟左右智能手表推广视频的脚本：

镜头1：开场

时长：0:00-0:10

景别：全景

画面：繁华的都市街头，人来人往，车水马龙。主角（一位时尚且充满活力的年轻人）站在街边，神情略显焦急，不断看着手腕，仿佛在等待着什么重要时刻

台词：（旁白）"在这个快节奏的时代，我们总是在追寻着一种更便捷、更精彩的生活方式。今天，我要给大家介绍一款即将改变你生活的智能手表。"

音乐/音效：热闹的都市背景音乐，夹杂着人的嘈杂声和车辆行驶声

拍摄地点：城市繁华街道

镜头2：产品亮相

时长：0:10-0:25

景别：特写

画面：主角突然露出笑容，抬起手腕，智能手表的屏幕亮起，镜头聚焦在手表精致的外观上，展示其时尚的表盘、线条流畅和充满质感的表带

台词：（旁白）"看，就是这款[智能手表品牌名]智能手表，它不仅是一款手表，更是你生活的智能小助手。"

音乐/音效：轻快的提示音，突出手表亮起的瞬间

拍摄地点：城市繁华街道

……

镜头9：购买信息

时长：2:55-3:00

景别：特写

画面：屏幕上出现智能手表的购买链接、价格、优惠活动等信息，用醒目的文字展示

台词：（旁白）"点击下方链接即可购买，现在还有优惠活动，更超值，不要错过！"

音乐/音效：轻快的提示音

拍摄地点：无（后期添加字幕画面）

视频风格：

整体风格为轻松、时尚。通过生动的画面展示和主角自然的演绎，让观众感受到这款智能手表在日常生活中的实用性和便捷性，同时展现出手表时尚的外观，以吸引不同年龄段的消费者。

目标受众：

主要目标受众为年轻的上班族、运动爱好者及关注健康的人群。年轻上班族注重手表的智能功能和外观的时尚性；运动爱好者看重手表的运动追踪功能；关注健康的人群则对健康监测功能较为青睐。

你可以根据实际情况对脚本进行调整和完善，希望这个脚本能帮助你制作出一个吸引人的推广视频！

豆包不仅可以生成脚本，还可以提取其他的视频中的脚本。

例如，要想提取某短视频平台上的某墨水屏手机宣传视频的脚本，在输入框中输入视频链接及提示语即可完成对视频脚本的提取，如图4-9所示。

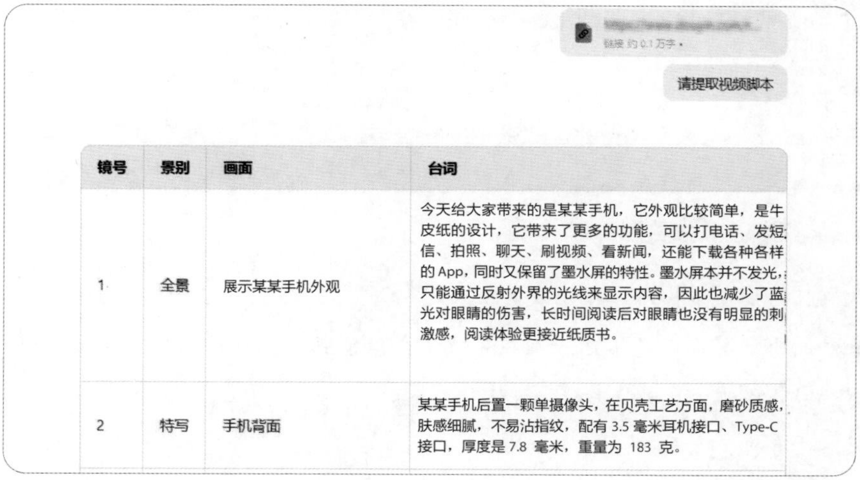

镜号	景别	画面	台词
1	全景	展示某某手机外观	今天给大家带来的是某某手机，它外观比较简单，是牛皮纸的设计，它带来了更多的功能，可以打电话、发短信、拍照、聊天、刷视频、看新闻，还能下载各种各样的App，同时又保留了墨水屏的特性。墨水屏本并不发光，只能通过反射外界的光线来显示内容，因此也减少了蓝光对眼睛的伤害，长时间阅读后对眼睛也没有明显的刺激感，阅读体验更接近纸质书。
2	特写	手机背面	某某手机后置一颗单摄像头，在贝壳工艺方面，磨砂质感，肤感细腻，不易沾指纹，配有3.5毫米耳机接口、Type-C接口，厚度为7.8毫米，重量为183克。

图4-9

豆包也可以将视频转为宣传文稿，在输入框中输入相关提示语即可，如图4-10所示。

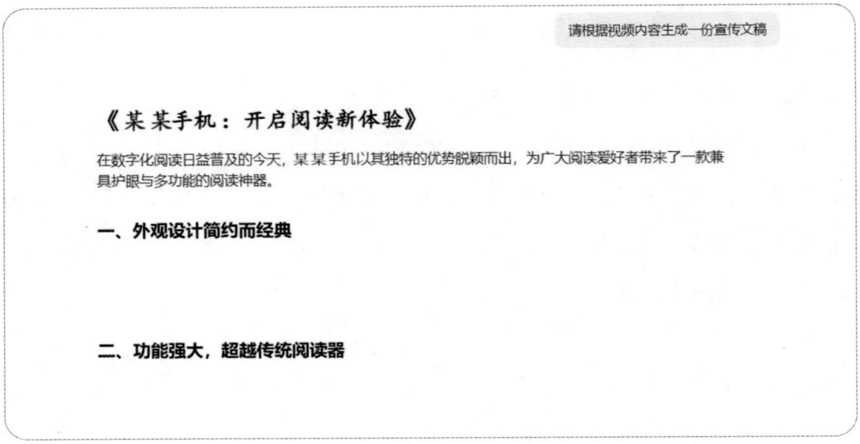
请根据视频内容生成一份宣传文稿

《某某手机：开启阅读新体验》

在数字化阅读日益普及的今天，某某手机以其独特的优势脱颖而出，为广大阅读爱好者带来了一款兼具护眼与多功能的阅读神器。

一、外观设计简约而经典

二、功能强大，超越传统阅读器

图4-10

4.2.2 小红书营销，策略精准有效

豆包能够助力用户在小红书平台进行精准有效的营销。在提问时，可以明确产品或服务类型，如“美妆产品在小红书上的营销策略有哪些”；说明目标受众，如“针对年轻女性的品牌，小红书营销如何精准触达”；指出当前困境，如“小红书推广效果不佳，问题出在哪里”；阐述竞争情况，如“同类型产品很多，怎样在小红书上突出重围”；提供已有资源，如“有一定预算和团队，如何制定小红书营销策略”；询问成功案例的借鉴方法，如“类似品牌的小红书营销策略有哪些可参考之处”。

Q 我们是一家小众美妆品牌，想在小红书上进行推广，提高品牌知名度和产品销量。我们的产品特点是天然、有机、无添加，适合敏感肌肤。请帮我们写一份能实现精准有效营销的小红书文稿。

A 敏感肌的福音丨[品牌名] 小众美妆来袭

亲爱的小红薯们，是不是一直在寻找适合敏感肌的美妆产品呢？今天就给大家介绍一家超棒的小众美妆品牌 ——[品牌名]。

天然、有机、无添加：

我们品牌的产品最大的特点就是坚持“天然、有机、无添加”的理念。每一款产品都精选天然、有机的原材料，不添加任何有害化学成分，如香料、色素、酒

精、防腐剂等，真正做到对敏感肌肤的零刺激。

适合敏感肌肤

如果你是敏感肌，一定知道选到合适美妆产品有多难。市面上很多产品都可能引起过敏反应，让肌肤变得红肿。但是 [品牌名] 不同，我们的产品经过了严格的测试，专门为敏感肌肤设计。无论是日常的基础护肤，还是精致的彩妆，我们都能确保你的皮肤保持健康和舒适。

产品系列丰富：

我们拥有一系列丰富的产品，涵盖了护肤和彩妆各个方面。

护肤品系列：从温和的洁面产品，到滋润的面霜，每一款都能深层滋养肌肤，修复肌肤屏障。例如，我们的[洁面产品名称]，采用了天然植物提取物，能够温和清洁肌肤，同时保持肌肤的水分平衡。[面霜产品名称]，富含多种有机油脂和植物精华，为敏感肌肤提供长效的保湿和修复功效。

彩妆系列：我们的彩妆产品种类丰富，源材料安全无害。例如，我们的 [口红产品名称]，色彩饱和度高，质地滋润，涂抹在嘴唇上非常舒适，不会引起干燥和过敏反应。[粉底产品名称]，轻薄透气，能够完美贴合肌肤，遮盖瑕疵的同时，让肌肤自由呼吸。

用户口碑见证：

很多使用过 [品牌名] 产品的小红薯们都给出了好评。"自从用了 [品牌名] 的面霜，我的敏感肌再也没有过敏过，皮肤变得越来越好了。""[品牌名] 的口红颜色太赞了，而且很滋润，我这个敏感唇也能放心使用。"，这些真实的用户反馈，就是我们品牌实力的最好证明。

如何购买：

想要拥有这些适合敏感肌的天然美妆产品吗？很简单，你可以通过以下方式购买：

我们的官方网站：[品牌官网链接]

小红书官方店铺：[小红书店铺链接]

亲爱的小红薯们，选择 [品牌名]，就是选择对敏感肌肤的关爱和呵护。让我们一起用天然、有机、无添加的美妆产品，展现最美丽的自己吧！

#小众美妆 #敏感肌适用 #天然有机无添加 #美妆品牌推荐

也可以将4.2.1小节的案例使用的视频转为小红书文稿，在输入框中输入提示语即可完成，如图4-11所示。

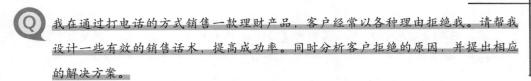

图 4-11

4.2.3 销售话术，提高成功率

豆包能够为提高销售的成功率出谋划策。在提问时，可以明确销售产品或服务类型，如"软件销售的话术重点是什么"；说明销售对象特点，如"针对企业客户，销售话术该如何调整"；指出常见拒绝理由，如"客户常说价格贵，对应的销售话术是什么"；阐述销售场景，如"在线上销售时，什么样的话术更有效"；提供已有话术示例，如"我这样的话术效果不好，该怎么改进"；询问开场和结尾话术的设计，如"如何用开场话术吸引客户，用结尾话术提高成交率"。

 我在通过打电话的方式销售一款理财产品，客户经常以各种理由拒绝我。请帮我设计一些有效的销售话术，提高成功率。同时分析客户拒绝的原因，并提出相应的解决方案。

A 一、客户拒绝原因分析

❶ 不信任产品：客户可能对理财产品不了解，或者对产品的安全性、收益率存在疑虑。

❷ 不需要：客户可能已经有了其他的理财方式，或者目前没有理财的需求。

❸ 不信任销售人员：客户可能对电话销售这种方式比较反感，或者对销售人员的专业度和诚信度存在质疑。

④ 时间不合适：客户可能正在忙碌，没有时间听销售人员介绍。

二、解决方案

❶ 针对不信任产品的客户：

提供详细的产品信息，包括产品的特点、优势、风险等。

引用权威的数据和案例，证明产品的安全性和收益率。

邀请客户参加产品说明会或者线上讲座，让客户更好地了解产品。

……

总之，在电话销售理财产品时，要了解客户的需求和情况，为客户提供专业的理财建议和解决方案。同时，要与客户建立良好的沟通和信任关系，尊重客户的决定，不强行推销产品。

4.2.4　朋友圈文案，吸引关注策略

豆包可以帮助用户撰写吸引人的朋友圈文案。在提问时，可以明确主题内容，如 "旅行的朋友圈文案怎么写能更吸引人"；说明情感倾向，如 "想要表达愉悦的心情，朋友圈文案如何措辞"；指出特定风格，如 "幽默风趣的朋友圈文案怎么构思"；阐述目的意图，如 "为了分享美食体验，朋友圈文案应突出什么"；提供关键元素，如 "有一张美丽的风景照，围绕它的朋友圈文案应该怎么写"；询问互动性文案的设计，如 "什么样的朋友圈文案能引起更多的好友评论和点赞"。

Q 我开了一家咖啡店，想在朋友圈发布文案宣传新推出的特色咖啡。请帮我制定一个吸引人的朋友圈文案策略，包括文案内容、配图、发布时间等方面。同时提供一些特色咖啡的图片和介绍供参考。

A 《咖啡店特色咖啡朋友圈宣传策略》

一、特色咖啡图片和介绍参考

❶ 玫瑰拿铁：

图片：一杯有着精美拉花的玫瑰拿铁，旁边点缀着玫瑰花瓣。

介绍：当浓郁的咖啡邂逅娇艳的玫瑰，一场浪漫的味觉之旅就此开启。玫瑰拿铁，芬芳四溢，口感醇厚，每一口都仿佛在诉说着一个温柔的故事。

......

❷ 配图：

选择高质量、清晰美观的特色咖啡图片，最好能突出咖啡的特色和细节。

搭配一些与咖啡相关的道具，如咖啡杯、咖啡豆、搅拌棒等，增加画面的丰富度。

配上咖啡店的环境图片，让顾客对咖啡店有更直观的感受。

❸ 发布时间：

早上：7：00 - 9：00，这个时间段很多人刚刚起床，看到美味的咖啡图片和介绍，可能会激发他们来喝一杯咖啡提神的欲望。

中午：11：00 - 13：00，午餐后，人们可能会想要一杯咖啡来放松一下。

下午：15：00 - 17：00，下午茶时间，咖啡是很多人的首选。

晚上：20：00 - 22：00，这个时间段一些人可能会想要找个安静的地方喝一杯咖啡，放松心情。

4.2.5　广告文案，增强创意感染力

豆包能够在广告文案的创意方面给予用户指导。在提问时，可以明确产品或品牌特点，如"科技产品的广告文案怎么写才能突出创新优势"；说明目标受众，如"针对年轻时尚人群，广告文案如何吸引他们"；指出广告风格需求，如"想要大气磅礴的风格，文案该怎么创作"；阐述核心卖点，如"产品的独特功能是某某，广告文案如何体现"；提供参考案例，如"类似品牌的优秀广告文案，有哪些可借鉴之处"；询问文案的情感共鸣点设置，如"怎样让广告文案引发观众的情感共鸣"。

Q 我们公司要制作一个公益广告，主题是环保。请帮我们撰写一个充满创意、感染力强的广告文案，包括开头、中间、结尾等部分。同时说明广告的风格和目标受众，以便更好地调整内容和表现形式。

A 以下是一个环保公益广告文案：

一、广告风格和目标受众

广告风格：温暖、感人、富有创意。

目标受众：所有人，尤其是年轻人。

二、广告片文案

开头：

在这个美丽的蓝色星球上，我们共同生活，共同呼吸。然而，如今的地球，正面临着前所未有的挑战。

……

结尾：

画面回到美丽的自然风景，蓝天白云、青山绿水、鸟语花香。旁白："让我们一起行动起来，保护我们的家园，让地球永远美丽。"

4.2.6 鸡汤文案，企业文化激励

豆包可以助力用户编写鸡汤文案，用以激励员工、宣传企业文化，可以运用以下提问技巧进行提问：明确企业文化核心价值观想要表达的主题，如 "以创新为核心的企业，鸡汤文案如何体现"；说明激励对象，如 "针对新入职员工，鸡汤文案怎样更有感染力"；指出特定场景或需求，如 "公司面临挑战时，鸡汤文案该怎么写"；阐述期望达到的效果，如 "希望通过鸡汤文案增强团队凝聚力，应突出哪些方面"；提供已有企业文化元素，如 "公司口号是某某，如何围绕它创作鸡汤文案"；询问不同形式的鸡汤文案，如 "图片配文的鸡汤文案有哪些创意点"。

Q 公司最近业务压力很大，员工士气有点低落。请帮我们写一些鸡汤文案，发布在公司内部平台上激励大家。同时结合公司的文化和价值观，让文案更有针对性和感染力。

A 以下是一些结合公司文化和价值观的鸡汤文案，可用于激励员工。

文案一：

在我们的团队中，挑战从来都不是阻碍，而是成长的阶梯。就像我们一直秉持的[公司价值观具体内容，如创新、拼搏、团结等]，每一次业务压力都是我们磨砺自我、超越极限的机会。困难面前，我们不退缩，因为我们知道，只有经历风雨，才能见到最美的彩虹。让我们携手共进，以坚韧不拔的毅力和勇气，迎接每一个

挑战，创造属于我们的辉煌！

……

文案五：

压力是成长的催化剂，困难是成功的垫脚石。在这个充满挑战的时期，让我们秉持公司的价值观，发挥我们的优势，展现我们的风采。无论前方有多少困难，我们都要勇敢地迈出每一步，因为我们知道，只有不断前进，才能实现我们的梦想。加油，[公司名称]的伙伴们！我们一起创造未来！

4.3 商业投资顾问

在复杂多变的商业世界中，明智的决策是成功的关键。豆包化身商业投资顾问，为你指引前行的方向。通过PEST分析，深入洞察商业环境，帮助你做出精准规划。借助SWOT分析，让企业的优势与劣势清晰呈现。运用4P营销分析，为营销市场注入强大动力。波士顿矩阵分析则帮助你对企业要素进行合理规划。作为产业顾问，豆包洞察趋势动态，让你始终站在行业前沿。此外，它还能为产品取一个寓意深刻的名字。本节将全面展示豆包在商业投资领域的卓越智慧，无论你是初入商界的创业者，还是经验丰富的企业家，豆包都将成为你可靠的伙伴，一同开启商业成功之旅。

> **知识拓展**
>
> PEST 分析：一种宏观环境的分析方法，主要用于评估政治 (Politics)、经济 (Economy)、社会 (Society) 和技术 (Technology) 这 4 个方面的环境因素对组织或企业的影响。
>
> SWOT 分析：一种基于内外部竞争环境和竞争条件的态势分析方法，通过列举研究对象的主要内部优势 (Strengths)、劣势 (Weaknesses) 和外部的机会 (Opportunities) 与威胁 (Threats)，进行系统分析，从而得出结论。
>
> 4P 营销分析：一个营销策略框架，由营销学教授杰罗姆·麦卡锡 (Jerome McCarthy) 在 1960 年提出。这个框架将营销组合的要素分为 4 个主要类别，即产品 (Product)、价格 (Price)、渠道 (Place) 和促销 (Promotion)。
>
> 波士顿矩阵：又称为市场增长率 - 相对市场份额矩阵，是由美国著名管理学家布鲁斯·亨德森创立的一种战略分析工具。其核心在于通过综合考虑市场引力和企业实力两个维度，即市场增长率和市场占有率，来分析和规划企业的产品组合或业务线。

4.3.1 PEST分析，环境洞察

豆包在PEST分析方面能够有效地帮助我们实现环境洞察规划，可以从以下几方面进行提问。明确分析对象，如"某新兴行业的PEST分析怎么做"。说明特定目标，如"为企业制定战略，PEST分析应重点关注哪些方面"。指出当前关注点，如"关注环保政策对企业的影响，PEST分析如何体现"。阐述已有信息，如"已知部分市场动态，如何结合进行PEST分析"。提供行业背景，如"竞争激烈的行业中，PEST分析从何处入手"。询问PEST分析结果的应用，如"如何根据PEST分析结果进行合理规划"。

Q 我们是一家传统制造业企业，想开拓海外市场。请帮我们进行PEST分析，洞察外部环境，为企业制订合理的发展计划。同时提供一些企业的基本情况和目标市场的信息供参考。

A 以下是对传统制造业企业进行PEST分析的内容。

一、企业基本情况和目标市场信息

企业是一家传统制造业企业，主要生产机械零部件，在国内市场有一定的份额和知名度。目标市场为东南亚地区，该地区经济增长迅速，制造业需求不断增加，且劳动力成本相对较低，具有较大的市场潜力。

二、PEST分析

❶ 政治环境（Political）

……

三、发展规划建议

❶ 政治方面：积极与目标市场国家的政府部门和行业协会沟通，了解当地的政策法规，争取政策支持。同时，建立良好的企业形象，提高企业在当地的社会责任感。

❷ 经济方面：根据目标市场国家的经济增长趋势和消费者购买力，制订合理的价格策略和市场推广计划。同时，关注汇率波动，采取适当的风险管理措施，如套期保值等。

❸ 社会方面：深入了解目标市场国家的文化差异和消费习惯，开发适合当地市场需求的产品。同时，加强企业的环保意识，提高产品的环保属性，满足当地的环保要求。

④ 技术方面：加大企业的研发投入，引进先进的生产技术和设备，提高产品的质量和生产效率。同时，积极应用信息技术，拓展营销和销售渠道，提高企业的市场竞争力。

4.3.2　投资分析，做出明智决策

豆包可以为我们的投资分析提供关键支持，助力做出明智决策。在提问时，可以明确投资领域，如"股票投资的风险如何分析"；说明投资目标，如"追求稳健收益，投资分析应关注哪些方面"；指出当前疑虑，如"担心市场波动，投资分析怎样降低风险"；阐述资金状况，如"有限的资金如何进行合理投资分析"；提供已有投资经验，如"有过失败投资，如何改进投资分析方法"；询问投资组合的优化策略等。

Q 我们公司正在考虑购买一台全新的生产设备，设备总价为100万元。公司的年收入为500万元，年利润为150万元，现有的现金储备为200万元。供应商提供了两种支付方案：一次性全款支付，或者三年分期付款，年利率为5%。我们不确定哪种付款方式对公司的财务更有利。应该如何做出明智的财务决策？

A 在企业的财务决策中，是否分期付款或一次性支付需要考虑多个方面，包括公司的现金流、利息成本、投资回报等。让我们针对这个问题展开具体分析。

一次性付款的利弊分析：

……

最终建议：

基于你的情况，分期付款可能是更优的选择。虽然总成本会因利息增加10.5万元，但分期付款可以保留大量现金，维持公司的流动性和投资灵活性。这不仅降低了财务风险，还为公司提供了更好的投资条件。如果未来公司能够将保留的资金用于高回报的项目，最终的收益可能远超5%的贷款利率。

这类决策的关键在于平衡长期负债和短期现金流。如果公司的运营稳健，分期付款可以确保在未来数年内仍保持灵活的资金运作，而不影响公司其他业务的发展。

4.3.3 SWOT分析，优劣清晰

豆包能够协助我们通过SWOT分析清晰地认识自身的优势和劣势。在提问时，可以明确分析主体，如"某企业的SWOT分析怎么做"；说明具体目标，如"为开拓市场，SWOT分析应重点关注哪些方面"；指出关键问题，如"竞争激烈，如何准确找出自身劣势"；阐述已有资源，如"有特定技术优势，如何在SWOT分析中突出"；提供行业动态，如"行业变化快，SWOT分析怎样把握机会和应对威胁"；询问分析结果的应用策略等。

Q 我们公司准备推出一款新产品，与竞争对手相比有哪些优势和劣势呢？请帮我们进行SWOT分析，让优势和劣势更清晰。同时提供一些产品的特点和竞争对手的情况供参考。

A 以下是对新产品进行SWOT分析的内容。

一、产品特点和竞争对手情况

产品是一款智能家居设备，具有智能化程度高、操作简便、功能多样等特点。竞争对手主要有几家大型科技公司，产品在市场上有一定的知名度和份额。

二、SWOT分析

❶ 优势（Strengths）

技术优势：产品采用了先进的人工智能技术，智能化程度高，能够满足用户的个性化需求。

功能优势：产品功能多样，除了基本的智能家居控制功能外，还具有智能安防、健康监测等功能。

设计优势：产品外观设计时尚、简约，操作简便，用户体验好。

......

三、建议

❶ 发挥优势：充分发挥产品的技术、功能和设计优势，提高产品的市场竞争力。

❷ 弥补劣势：加强品牌推广，提高品牌知名度；加强渠道建设，提高产品的市场覆盖率；优化产品成本结构，提高产品的价格竞争力。

❸ 抓住机会：抓住市场需求增长、技术创新和合作机会，不断推出新产品，满足用户的需求。

④ 应对威胁：加强与竞争对手的差异化竞争，提高产品的核心竞争力；关注技术发展动态，及时进行产品升级和改进；关注政策法规变化，确保产品符合相关要求。

4.3.4 4P营销分析，营销助力

豆包可以让4P营销分析更好地为营销市场助力。在提问时，可以明确产品类型，如"电子产品的4P营销分析重点是什么"；说明市场定位，如"针对高端市场，4P策略如何制订"；指出当前困境，如"价格竞争激烈，如何调整价格策略"；阐述销售渠道现状，如"现有渠道单一，如何拓展"；提供促销活动经验或成效，如"以往促销效果不好，如何改进"；询问不同阶段的4P策略调整方法等。

Q 我们是一家新成立的电商企业，想通过4P营销分析来制订营销策略。请帮我们分析产品、价格、渠道、促销等方面，为市场推广助力。同时提供一些企业的基本情况和目标客户群体供参考。

A 以下是对新成立电商企业进行4P营销分析的内容。

一、企业基本情况和目标客户群体

企业是一家新成立的电商企业，主要销售时尚服装和配饰。目标客户群体为年轻消费者，年龄为18～35岁，追求时尚、个性，注重品质和价格。

二、4P营销分析

❶ 产品（Product）

……

三、营销策略建议

产品方面：不断推出新款式、新设计，满足年轻消费者的需求。同时，加强产品质量控制，提高客户满意度。

价格方面：采用差异化定价策略，根据不同产品的定位和目标客户群体，制订不同的价格。同时，定期开展促销活动，吸引客户购买。

渠道方面：加强线上渠道的建设，提高电商平台的用户体验和服务质量。同时，积极拓展线下渠道，提高市场覆盖率。

促销方面：加大广告宣传力度，提高产品的知名度。同时，开展多样化的促销活动。建立会员制度，提高客户的黏度。

4.3.5　波士顿矩阵分析，企业要素规划

豆包能够借助波士顿矩阵分析为我们进行企业要素规划，可以从以下几个方面进行提问。明确企业业务范围，如"多元化企业的波士顿矩阵分析怎么做"。说明发展目标，如"想提升市场份额，波士顿矩阵分析应关注哪些方面"。指出困惑点，如"不确定某业务属于哪一类型，如何判断"。阐述已有数据，如"有部分销售数据，如何进行波士顿矩阵分析"。提供行业竞争情况，如"竞争激烈，波士顿矩阵分析怎样指导战略调整"。询问分析结果的具体应用策略等。

Q 我们公司有多个产品线，怎样利用波士顿矩阵分析来进行企业要素规划，合理分配资源，同时提供一些产品线的销售数据和市场份额供参考。

A 以下是利用波士顿矩阵分析进行企业要素规划的步骤。

一、提供产品线销售数据和市场份额

假设公司有3个产品线：A、B、C。销售数据和市场份额如下：

产品线A：销售额为1000万元，市场增长率为15%，相对市场份额为80%。

产品线B：销售额为800万元，市场增长率为5%，相对市场份额为30%。

产品线C：销售额为500万元，市场增长率为20%，相对市场份额为10%。

二、波士顿矩阵分析

……

三、企业要素规划建议

……

组织架构调整：根据企业要素规划的结果，调整公司的组织架构，优化资源配置，提高运营效率。例如，成立团队，专门负责明星产品的发展，加强对问题产品的分析和决策等。

4.3.6 产业顾问，趋势动态洞察

豆包可以作为产业顾问，帮助我们把握趋势，进行动态洞察。在提问时，可以明确所在产业领域，如"互联网行业的趋势动态如何洞察"；说明企业发展阶段，如"初创企业在产业趋势下该如何定位"；指出关注重点，如"对技术创新敏感，产业趋势中如何把握技术方向"；阐述已有资源和优势，如"有特定的客户群体，产业趋势下如何拓展业务"；提供行业竞争情况，如"竞争激烈，产业趋势如何助力差异化竞争"；询问趋势变化的应对策略等。

Q 我是一名产业顾问，负责为一家科技企业提供行业趋势分析。请帮我洞察科技产业的趋势动态，为企业提供有价值的建议。同时提供一些企业的基本情况和行业发展现状供参考。

A 以下是作为产业顾问对科技产业趋势动态的洞察及建议。

一、企业基本情况和行业发展现状

企业是一家专注于软件开发的科技企业，在行业内有一定的知名度和市场份额。

目前，科技行业发展迅速，人工智能、大数据、云计算等技术不断创新，市场竞争激烈。

二、科技产业趋势动态洞察

人工智能的广泛应用：人工智能相关技术在各个领域的应用不断扩大，包括医疗、金融、交通等。企业可以考虑将这些技术应用到自己的产品和服务中，提高竞争力。

数据分析的重要性：随着数据的不断增长，数据分析技术变得越来越重要。企业可以利用这些技术来了解客户需求、优化产品设计、提高运营效率。

……

可持续发展：关注可持续发展和绿色科技的发展趋势，开发环保型产品和服务，提高企业的社会责任感。

4.3.7 产品取名，寓意深刻有特色

豆包能够助力我们为产品取一个寓意深刻的名字。在提问时，可以明确产品特点，如"高科技电子产品的取名应突出哪些特点"；说明目标受众，如"针对年轻消费者的产品，叫什么名字能更吸引他们"；指出品牌定位，如"高端品牌的产品怎样取名能体现品质"；阐述期望的寓意方向，如"希望名字传达创新精神，该怎么取名"；提供行业相关信息，如"同行业的产品名字有哪些特点，如何差异化"；询问取名的创意方法等。

Q 我们公司要推出一款高端智能家居产品，现需要给产品取一个寓意深刻的名字，来提升产品的品牌形象。同时说明产品的特点和目标客户群体，以便更好地取名。

A 以下是为高端智能家居产品取名的步骤。

一、产品特点和目标客户群体

产品是一款高端智能家居产品，具有智能化程度高、功能强大、设计时尚等特点。目标客户群体为高收入、追求品质生活的消费者，年龄为30～50岁。

……

二、创意构思和名称阐释

慧贵家居精灵："慧贵"体现了产品的智能化和高端价值，"家居精灵"则给人一种灵动、可爱的感觉，寓意着产品像精灵一样为家庭带来便利和舒适。

4.4 求职招聘助手

在竞争激烈的职场环境中，求职与招聘如同一场精彩的博弈。无论是渴望找到理想职业平台的求职者，还是致力于寻觅最合适人才的招聘者，都需要有力的助手来实现目标。

而豆包，恰如一位智慧的职场引路人，在求职招聘的各个环节发挥着至关重要的作用。从精准明晰的招聘信息，到对求职者能力的精准考察；从帮助求职者突出自身优势的自我介绍，到模拟面试官提供技巧与注意事项；从诚意满满的求职信撰写，到优化简历提升匹配度。本节将深入剖析豆包在求职招聘过程中的卓越表现，为你开启高效求职与精准招聘的大门。

4.4.1 招聘信息，需求明确且高效

豆包能够助力我们打造需求明确且高效的招聘信息。在求职招聘中，招聘信息就如同闪亮的灯塔，为合适的人才指引方向。在提问时，可以明确招聘岗位，如"软件工程师岗位招聘信息怎么写更吸引人"；阐述公司特色，如"创业型公司，招聘信息应突出什么"；提出特定需求，如"想强调团队活力，如何在信息中体现"；关注目标受众，如"针对应届毕业生的招聘信息要点是什么"；询问不同渠道的侧重点，如"在社交媒体发布招聘信息有哪些技巧"。用这些方法提问，能充分利用豆包智慧，打造明确高效的招聘信息，吸引合适人才。

Q 我们公司要招聘一名资深软件开发工程师，岗位要求比较高。请帮我们撰写一份招聘信息，让需求明确又高效，吸引到合适的候选人。同时提供一些公司的基本情况和岗位要求供参考。

A 以下是一份资深软件开发工程师的招聘信息。

一、公司简介

[公司名称]是一家在行业内具有领先地位的科技企业，专注于软件开发和创新。我们拥有一支充满活力和创造力的团队，致力于为客户提供高品质的软件解决方案。公司提供良好的工作环境、广阔的发展空间和有竞争力的薪酬福利。

二、岗位信息

❶ 岗位名称：资深软件开发工程师

❷ 工作地点：[具体工作地点]

......

4.4.2 面试问题，能力精准考察

豆包可以在面试问题设计方面为我们提供参考，以实现对求职者能力的精准考察。面试就像是一场能力的试炼，而精心设计的面试问题则是试金石。在提问时，可以明确求职岗位，如"应聘销售岗位，应提哪些面试问题考察能力"；描述岗位关键需求，如"该岗位需强沟通力，问什么问题能精准考察"；提供特定场景，如"远程面试时，哪些问题能有效评估"；询问不同能力组合考察的问题，如"既考验专业又考验团队协作，怎么设计问题"；说明面试对象特点，如"应届生面试，哪些问题能看出潜力"。用这些方法提问，能充分利用豆包智慧，精准考察求职者的能力。

Q 面试一位市场营销专员，要从哪些方面设计面试问题，才能精准考察候选人的市场分析能力、沟通能力和创新能力呢？同时提供一些岗位的职责和要求供参考。

A 以下是针对市场营销专员面试问题的设计，以精准考察市场分析能力、沟通能力和创新能力。

一、岗位职责和要求

岗位职责：

负责市场调研和分析，了解市场动态和竞争对手情况。

制订市场营销策略和计划，推动产品或服务的市场推广。

与客户、合作伙伴和内部团队进行有效的沟通和协调。

……

在面对激烈的市场竞争时，你会如何通过创新来提升我们公司的市场竞争力？

4.4.3 自我介绍，优势突出展示

豆包能够帮助我们在自我介绍中突出优势。自我介绍犹如一幅画卷，而突出优势则是画卷上最亮丽的色彩。在提问时，可以明确问题焦点，如应聘财务岗，可问"如何在自我介绍中突出财务专业优势与严谨作风"；提供背景信息，如"有三年销售经验想转市场策划，如何体现销售经验对新工作的帮助及创新思维"；提出具体需求，如"希望自我介绍让面试官短时间记住并印象深刻该怎么做"。用不同方式提问，获取全面视角，保持耐心与开放心态，充分挖掘豆包智慧，为求职增添砝码。

Q 我要去一家大型企业面试财务经理岗位，怎样进行自我介绍，才能突出我的专业优势和管理经验呢？同时提供一些我的个人简历和岗位要求供参考。

A 以下是在面试财务经理岗位时的自我介绍示例，突出专业优势和管理经验。

尊敬的面试官，您好！

我叫 [你的名字]，非常荣幸有机会参加这次面试。我应聘的岗位是财务经理，我相信我的专业优势和管理经验能够为贵公司带来价值。

......

岗位要求供参考：

本科及以上学历，财务管理、会计等相关专业。

具有注册会计师证书或其他相关专业资质。

五年以上财务管理工作经验，有大型企业财务管理经验者优先。

熟悉国家财务法规和税收政策，具备全面的财务专业知识。

具备出色的领导能力和团队管理能力，能够带领团队完成各项财务工作任务。

具有良好的沟通协调能力和分析解决问题的能力，能够与各部门进行有效的沟通和合作。

4.4.4 模拟面试官，技巧与注意事项

豆包可以在模拟面试官方面为我们提供有力的支持。让豆包扮演面试官，就像是为求职者找到了提高面试成功率的窍门。其一，能提供真实的面试体验，让求职者提前适应紧张氛围，避免正式面试时的慌乱。其二，可根据不同岗位精准提问，帮助求职者梳理专业知识和技能，明确自身优势与不足。其三，给予及时反馈和建设性意见，如回答问题的思路、语言表达的优化等，提升求职者的面试表现。其四，通过反复模拟，增强求职者的自信心，使其在真正的面试中更从容地展现自己，增加成功获得工作的概率。

Q 你好，我是一名求职者，我要面试的岗位是某大型金融公司的客户经理，主要的工作是渠道营销，请你扮演面试官，提出一些问题，我回答后您给出评估和优化的建议。我们以一问一答的方式进行。

A 好的，那请你简单介绍一下自己在渠道营销方面的相关经验。

Q 我之前在一家金融公司工作，主要负责拓展企业客户渠道。通过积极参与行业展会、商务洽谈会等活动，我成功与多家大型企业建立了合作关系，为公司带来了超过5000万元的资金托管业务。此外，我还维护了与现有渠道合作伙伴的良好关系，确保了合作业务每年保持15%的增长率。

A 听起来你在之前的工作中取得了不错的成果呢！那我想问你，如果遇到一个潜力很大但对合作条件要求非常苛刻的渠道，你会采取什么策略去推进合作？

Q 一是深入了解需求与痛点……，二是建立长期合作愿景……。

A 你回答得非常全面且有条理，从对渠道需求的深度挖掘，到展示自身价值、提出灵活的合作方案、构建长期愿景，再到强调内部协同和保持良好态度等，覆盖了各个方面。这充分展现出了你在处理复杂渠道合作情况时所具备的成熟思维和丰富经验。为了使你的回答更有说服力和可信度，建议你在阐述的过程中适当加入一些具体的示例或数据。例如，你可以分享一个之前遇到苛刻渠道的案例，详细说明你是如何通过某个具体的灵活方案最终实现合作的。

4.4.5　求职信撰写，诚意热情表达

豆包可以协助我们撰写诚意满满的求职信，向招聘者展示真诚和热情。在提问时，可以明确求职目标，如"应聘市场专员，求职信怎么突出诚意"；阐述自身优势，如"有相关实习经历，如何在求职信中展现热情"；提出特定场景，如"跨行业求职，求职信的重点是什么"；询问语言风格，如"求职信语言应如何显得更正式"；关注细节，如"如何开头更能吸引招聘者注意"；针对性询问，如"针对特定公司，求职信应加入哪些内容"。

Q 我看到一家心仪的公司在招聘，想写一封求职信，怎样表达我的诚意和热情，增加被录用的机会呢？同时提供一些公司的基本情况和岗位要求供参考。

A 以下是一封求职信的范例，旨在表达诚意和热情，增加被录用的机会。

尊敬的［招聘负责人姓名］：

您好!

我叫[你的名字],在[得知招聘信息的渠道]上看到贵公司正在招聘[职位名称],我对这个职位非常感兴趣,特向您呈上我的求职信,希望能有机会加入贵公司。

……

此致

敬礼!

[你的姓名]

[具体日期]

公司基本情况和岗位要求供参考:

公司基本情况:[公司名称]是一家在[行业领域]具有领先地位的企业,以[公司的核心竞争力或特色]而闻名。公司拥有一支优秀的团队,致力于[公司的使命或愿景]。

岗位要求:[职位名称]需要具备[具体的技能、经验和素质要求]。例如,本科及以上学历,[相关专业背景];有[具体年限]年以上相关工作经验;熟练掌握[相关软件或工具];具备良好的沟通能力和团队合作精神等。

在求职信中,要结合公司的基本情况和岗位要求,突出自己的优势和与职位的匹配度,表达对公司的了解和热爱,以及对职位的渴望,这样才能增加被录用的机会。

4.4.6　简历优化,匹配度提升

豆包能够在简历优化方面为我们提供宝贵的建议,以提升简历的匹配度。简历就像是求职者的名片,而优化后的简历则更能吸引招聘者的目光。在提问时,可以明确求职方向,如"应聘财务岗位,简历如何突出重点";阐述自身经历,如"有多个项目经验,怎样在简历中体现匹配度";提出特定需求,如"想突出特定技能,怎么布局简历";关注格式规范,如"简历格式怎样更清晰易读";询问语言表达,如"如何用简洁语言描述工作成果";询问针对不同公司的调整,如"投不同公司,简历应做哪些针对性修改"。

Q 我想应聘一家互联网公司的产品经理岗位，如何优化我的简历，才能提高与岗位的匹配度呢？同时提供一些我的个人简历和岗位要求供参考。

A 以下是优化应聘互联网公司产品经理岗位简历的方法。

一、分析岗位要求

……

个人简历参考：

[你的姓名]

[联系方式]

个人简介：具备 [具体年限] 年产品经理经验，擅长市场调研、用户需求分析和项目管理，致力于打造用户喜爱的互联网产品。

工作经历：

……

岗位要求供参考：

❶ 本科及以上学历，计算机科学、市场营销、管理学等相关专业。

❷ 有 [具体年限] 年以上互联网产品经理工作经验，有成功的产品案例。

❸ 熟悉互联网产品开发流程，具备良好的项目管理能力和团队协作精神。

❹ 具备敏锐的市场洞察力和用户需求分析能力，能够准确把握市场趋势和用户需求。

❺ 熟练掌握数据分析工具和方法，能够根据数据进行产品优化和决策。

❻ 具备良好的沟通能力和团队合作精神，能够与不同部门和用户进行有效的沟通和合作。

❼ 有创新精神和创业心态，能够不断探索和尝试新的产品模式和业务方向。

■ 4.5 代码编程帮手

无论是初入编程世界的新手，还是经验丰富的开发者，在编程中都可能会遇到各种挑战。豆包则是编程之旅中的得力帮手，从代码问答中获取知识与技巧，提升编程能力；通过对代码的深入理解分析，增强代码的可读性；借助个性化的代码生成满足独特需求；在代码出现错误时，利用高效的调试功能快速定位问题；依靠精心设计的测试用例保障代码质量的稳定；对代码性能进行优化，提升效率与速度。本节将深入探索豆包在代码编程各个环节的强大作用，为编程者开启高效编程、创新编程的大门。

4.5.1　代码问答，认知技巧提升

豆包能够助力我们在代码问答中提升认知和学习技巧。当我们在代码中遇到难题时，豆包就如同一位智慧的导师，为我们指引方向。在提问时，可以明确编程语言，如"Python 代码中这个问题怎么解决"；描述具体问题场景，如"在处理大量数据时代码效率低下怎么办"；提供错误信息，如"出现某某错误提示，该如何修正"；说明自己的尝试和困惑，如"我试过某某方法但不行，不知道问题出在哪"；询问优化建议，如"这段代码如何进一步提升性能"。

 我在编写C++程序时出现了一个运行时错误，以下是我的代码：

```cpp
复制
#include <iostream>
int main() {
    int arr[5] = {1, 2, 3, 4, 5};
    std::cout << arr[5] << std::endl;
    return 0;}
```

请帮我快速定位错误并进行调试。

 这段C++代码的错误在于试图访问数组arr的第6个元素（索引从0开始），而数组 arr 只有 5 个元素。

调试方法如下：

将std::cout << arr[5] << std::endl; 修改为 std::cout << arr[4] << std::endl; 或者确保访问数组元素时使用合法的索引范围（0到数组大小减1）。

4.5.2 代码理解，可读性分析

豆包可以协助我们理解代码，进行可读性分析。在面对复杂的代码时，豆包就像一把钥匙，帮助我们打开理解的大门。在提问时，可以明确具体代码片段，如"这段Java代码的作用是什么"；指出关键部分，如"这里的循环结构目的是什么"；询问代码风格影响，如"这样的命名方式对可读性有什么影响"；对比不同呈现，如"这两种写法在可读性上有什么差异"；提出特定需求下的理解问题，如"为了提高扩展性，这段代码该如何理解其结构"。

 我接手了一个复杂的Java项目，以下是其中一段代码：

java

复制

```java
public class MyClass {
    private int num;
    public MyClass(int n) {
        num = n;
    }
    public void printNum() {
        System.out.println("The number is: " + num);
    }}
```

请帮我分析这段代码，提高其可读性。

 这段Java代码定义了一个名为MyClass的类，包含一个私有整数变量num和两个方法。

分析如下：

变量命名：可以考虑给变量num起一个更具描述性的名字，如myNumber或specificNumber，以便更好地理解其用途。

方法命名：printNum方法可以更明确地命名为printNumber或displayNumber，增强可读性。

添加注释：可以在代码中添加注释来解释类和方法的用途。例如，在类的上方添加注释说明这个类的作用，在构造函数和方法中添加注释解释参数和功能。

改进后的代码如下：

java

复制

```
/**
 * This class represents a number holder with a printing function.
 */
public class MyClass {
    private int myNumber;

    /**
     * Constructor that initializes the number.
     * @param n the number to be set.
     */
    public MyClass(int n) {
        myNumber = n;
    }

    /**
     * Prints the number.
     */
    public void printNumber() {
        System.out.println("The number is: " + myNumber);
    }
}
```

4.5.3 代码调试，错误快速定位

豆包可以在代码调试中帮助我们快速定位错误。当代码出现问题时，豆包就如同一位敏锐的侦探，帮助我们找出错误的根源。在提问时，可以准确描述错误现象，如"程序运行时报错某某信息"；说明出现错误的场景，如"在进行某某操作时出现错误"；提供相关代码片段，如"这段可能有问题的代码是这样的"；讲述自己已尝试的排查方法和内容，如"我检查了某某部分但没找到问题"；明确编程语言和环境，如"在Java开发环境中出现这个错误"；询问可能的错误原因方向，如"这个错误可能是数据类型问题吗"。

Q 我在编写Python程序时出现了一个错误，以下是我的代码：

python

复制

```python
def divide(a, b):
    return a / b
result = divide(10, 0)print(result)
```

请帮我快速定位错误并进行调试。

A 这段Python代码的错误是试图除以零，这在数学上是不允许的，会导致 ZeroDivision Error 错误。

调试方法如下：

在调用divide函数之前，添加条件判断，确保除数不为零。例如：

python

复制

```python
def divide(a, b):
    if b == 0:
        return None
    else:
        return a / b
result = divide(10, 0)
if result is None:
    print("Cannot divide by zero.")
else:
    print(result)
```

或者在出现错误时，使用try-except语句来捕获异常并进行相应的处理。例如：

python

复制

```python
def divide(a, b):
    return a / b
try:
```

```
        result = divide(10, 0)

        print(result)

    except ZeroDivisionError:

        print("Cannot divide by zero.")
```

4.5.4　代码性能，效率优化

豆包可以助力我们优化代码性能，提升效率。在提问时，可以明确编程语言，如"Python代码如何优化性能"；描述性能瓶颈表现，如"程序运行时某部分特别慢"；指出具体场景，如"处理大数据集时怎样提高效率"；说明已尝试的方法及效果，如"我试过某某优化但效果不明显"；提出具体指标要求，如"希望将运行时间缩短到多少"；询问通用的性能优化策略，如"有哪些常见的提升代码性能的方法"。

 我的网页在高并发情况下响应速度很慢，以下是我的部分代码：

php

复制

<?phpfor ($i = 0; $i < 1000; $i++) {

　　// 一些复杂的数据库查询和处理操作}?>

请帮我优化代码性能，提高速度。

 以下是一些优化代码性能的方法。

一、分析问题

这段PHP代码中存在的主要问题是在一个循环中进行了大量复杂的数据库查询和处理操作。在高并发情况下，这会导致数据库连接频繁建立和关闭，增加服务器负载，从而降低响应速度。

……

以下是一个优化后的代码示例：

php

复制

```php
<?php// 假设已经连接到数据库$db = new PDO('mysql:host=localhost;dbname=mydb', 'username', 'password');

// 一次性查询所有需要的数据$query = "SELECT * FROM mytable WHERE some_condition";$stmt = $db->query($query);$data = $stmt->fetchAll(PDO::FETCH_ASSOC);

// 在循环中使用预先获取的数据foreach ($data as $item) {
    // 进行处理操作}?>
```

通过以上优化措施，可以显著提高代码的性能和效率，在高并发情况下提高网站的响应速度。

第5章

豆包应用实例——生活篇

在生活的舞台上，豆包化身多面能手。精彩模拟人物互动，与名人交流、感悟思想魅力，体验趣味人生。生成酷炫歌曲，风格独特尽显个性。美食世界中，推荐美味、定制菜谱。旅游攻略完备，邂逅美景、领略风情。从健身定制到专业评论，豆包让生活处处精彩。

5.1 精彩模拟人物互动

在奇妙的想象世界中，借助豆包开启精彩模拟人物互动之旅。与名人交流，如同点亮思想的明灯，领略他们的非凡风采，汲取智慧。职业模拟让你深入不同领域，感受各种职业的魅力与挑战。让我们跟随豆包，释放想象力，拓展思维。

5.1.1 名人交流，领略思想风采

在进行名人交流时，可运用以下技巧提问。点明名人身份，如"现在你是牛顿，请问万有引力的发现给你带来了哪些思维上的转变"，明确指向让回答更具针对性；从名人成就的关键节点提问，如"爱因斯坦提出相对论的那一刻，你在思考什么"，引发深入思考的回应；对比不同名人，如"达·芬奇和米开朗琪罗在艺术理念上有何不同？若你是其中一位，会如何评价对方"，增加回答的广度与深度。

Q 我最近在研究中国古代文学，特别想和苏轼交流一下他创作《水调歌头·明月几时有》时的心境和创作灵感。请你扮演苏轼，好吗？同时提供一些关于这首词的背景资料供参考。

A 哈哈，小友。吾作此词时，远离亲友，心中思念甚浓。那夜明月高悬，触动吾心，感慨人生聚散无常，遂作词以抒怀。此词乃吾对亲友之思念，亦是对人生之感悟。吾当时仕途亦有波折，心境复杂，故词中既有惆怅，亦有豁达。

背景资料：《水调歌头·明月几时有》是苏轼在密州时所作。苏轼因与变法派政见不合，自请外任。此词以月起兴，表达了对亲人的思念和对人生的思考。

5.1.2 职业模拟，探索不同领域

在职业模拟中，可以运用以下技巧提问。在提问时，可以明确具体职业，如"作为一名医生，在面对紧急病情时，决策的关键因素是什么"，精准定位职业场景；从职业发展角度提问，如"软件工程师如何在不断变化的技术环境中持续提升自己"，深入探讨职业成长；从职业挑战出发，如"律师在处理复杂案件时，最大的困难是什么"，了解职业难点；提出

对比性问题，如"教师和培训师在教学方法上有哪些不同"，拓宽对不同职业的认知，更好地探索各领域。

Q 我一直对程序员这个职业很感兴趣，想模拟程序员的一天工作。请你扮演一名程序员，好吗？描述程序员在日常工作中会有哪些任务、如何进行编程和解决问题，以及需要具备哪些专业技能和素质。同时提供一些关于程序员工作环境和常用工具的信息供参考。

A 嘿，你好！我是一名程序员。在日常工作中，我可能会接到各种不同的任务。有时候是开发新的软件项目，从需求分析开始，和团队成员一起讨论功能需求，确定技术方案。然后进行代码编写，选择合适的编程语言和框架，按照设计好的架构逐步实现功能。

遇到问题时，首先会仔细分析错误信息，通过调试工具查找问题所在。可能是代码逻辑错误、数据异常或者环境配置问题等。然后根据问题的具体情况，查阅相关文档、在技术论坛上搜索类似问题的解决方案，或者与同事进行讨论。

作为程序员，需要具备扎实的编程基础知识，熟悉至少一种编程语言，如Python、Java、C++等。还要掌握数据结构和算法，能够优化代码性能。具备良好的问题解决能力和逻辑思维能力，能够快速定位和解决各种技术难题。

同时，要有团队合作精神，能够与其他程序员、设计师、测试人员等密切配合，共同完成项目。还需要有持续学习的能力，因为技术在不断发展，要跟上行业的步伐。

工作环境通常比较安静，有较为宽敞的办公桌椅和配置较高的计算机设备。我们会使用各种开发工具，包括集成开发环境（IDE）（如 Visual Studio Code、IntelliJ IDEA等）、版本控制工具（如Git）、数据库管理工具等。在一些科技公司，还可能会有舒适的休闲区域，方便大家在工作之余放松身心。

5.2　酷炫歌曲生成

在音乐的奇幻世界里，豆包化身酷炫歌曲生成小能手。在不同风格的音乐创作中，展现独特风采，无论是摇滚的激情、民谣的质朴，还是流行的时尚，都能信手拈来。个性定制让你拥有专属歌曲，根据特定需求打造独一无二的歌词。让我们跟随豆包，在歌词的世界里畅游，谱写动人旋律，共同创造出令人陶醉的音乐作品。

5.2.1 风格创作，展现独特风采

风格创作的关键在于理解并运用不同音乐风格的核心要素。无论是古典音乐的优雅与复杂，还是摇滚音乐的激情与力量，都需要创作者在创作前明确风格方向，并围绕旋律、节奏、和声、歌词等多个方面精心设计。创作风格是音乐作品成功的基础。这里的创作核心在于风格的准确把握和音乐的整体氛围营造，如摇滚风格歌词通常表达不羁和追求自由，而古典音乐注重结构与情感层次。

豆包可以帮助创作者通过分析经典曲目，理解不同风格的核心元素，并为创作提供灵感和技术建议。例如，如何用吉他和鼓点强化节奏感或如何通过大提琴和钢琴营造古典氛围。豆包还能帮助用户通过选择合适的乐器和音色，精确打造出想要的音乐风格。提问时可以这样：明确期望的风格类型，如"我想创作一首古典风格的音乐，有哪些关键要素"；描述创作场景需求，如"为古装剧创作配乐，适合什么风格"；对比不同音乐风格，如"摇滚风格和民谣风格在创作上有什么不同特点"；从乐器选择出发，如"哪种乐器能更好地体现古典风格"；从旋律特点入手，如"古典风格的音乐旋律通常有哪些特点"。

Q 我想写一首摇滚风格的歌词，主题是追求自由和梦想。请帮我创作一首具有强烈节奏感和感染力的歌词，展现摇滚风格的独特风采。

A 《自由之梦》

走在这喧嚣的街头

心中火焰永不休

梦想在远方召唤我

自由之路不回头

挣脱这束缚的枷锁

勇敢去追不寂寞

风雨之中我不退缩

向着未来去拼搏

5.2.2　个性定制，打造专属精品

个性定制则是为特定的场合、个人或品牌创作专属音乐。无论是婚礼主题曲、品牌背景音乐，还是个人纪念歌曲，个性化是定制音乐的最大亮点。定制作品要求创作者精准捕捉特点，并将其转化为符合特定需求的音乐作品。

与风格创作不同，定制音乐的核心在于个性化定制的精细度。每个细节都需要贴合特定场景或人物，确保作品在情感传达上有较强的针对性。相比通用的音乐创作，个性定制更具私密性，更能突出特定场合的意义。

豆包可以分析用户的个人喜好、场合需求和音乐元素，为创作提供详细的个性化建议。如推荐适合婚礼的温馨旋律、品牌的主题音乐风格，或为朋友生日创作具有纪念意义的歌词。通过豆包的辅助，创作者能更好地把握个性化定制的细节。

Q 我想为朋友创作一首生日歌，怎样才能让歌词充满个性和趣味？他喜欢运动，经常登山。

A 你背着行囊，步伐那么坚定

向着山顶，一路前行

看过的风景，都藏在心底

那是属于你的，美好回忆

悬崖峭壁，你从不畏惧

因为梦想，就在山巅等你

每一次攀登，都是挑战自我

你用行动，书写着勇敢

5.2.3　音乐创作，生成专属歌曲

豆包让专属歌曲的制作变得简单。无论是婚礼的浪漫主题曲、品牌的专属背景音乐，还是为纪念特别时刻的个性化歌曲，豆包都能根据你的需求和情感调性，迅速生成高质量的音乐作品。只需输入关键词或描述，如风格、场合和情感需求，豆包即可将你的设想转化为一首独一无二的专属歌曲。

在输入框上方，单击"音乐生成"按钮，然后在输入框中会出现提示词模板，如图5-1所示。

图 5-1

在提示词模板中填入信息，按Enter键确认，即可生成想要的音乐，如图5-2所示。

图 5-2

5.3　美食奇妙世界

在生活的多彩篇章中，美食是不可或缺的精彩一页。豆包将引领你踏上一场令人陶醉的美食之旅。美食推荐带你探寻各地独具特色的佳肴，无论是传统美食，还是新颖的创意料理，都能让你大饱口福。菜谱定制，根据个性需求精心打造，满足不同口味和饮食偏好。跟随豆包，沉浸在美食的奇妙世界里，感受美食带来的愉悦与满足。

5.3.1　美食推荐，探寻特色美味

豆包在美食推荐方面可以助你探寻特色美味。提问时可以这样：明确地域范围，如"在成都有哪些必吃的特色美食"；描述口味偏好，如"我喜欢吃辣，有哪些辣口味的特色美食推荐"；对比不同菜系，如"川菜和湘菜在特色美食上有什么不同"；从食材角度出发，如"以牛肉为主要食材的特色美食有哪些"；从餐厅类型入手，如"成都有哪些街边小店的美食值得一试"。

Q 我最近要去成都旅游，想品尝当地的特色美食。请给我推荐一些成都必吃的美食，包括小吃、川菜等，并介绍它们的特点和推荐的餐厅。同时提供一些我对美食的口味偏好和预算限制供参考。

A 成都作为美食之都，有很多必吃的美食。小吃方面，龙抄手不可错过，皮薄馅嫩，汤鲜味美。钟水饺口味微甜带咸、味美可口。还有担担面，面条细薄，臊子酥香。

川菜中，麻婆豆腐堪称经典，麻辣鲜香，豆腐嫩滑。回锅肉色香味俱全，五花肉肥而不腻。宫保鸡丁口感嫩滑，酸甜微辣。

龙抄手可以去龙抄手总店，钟水饺可以去钟水饺老店。对于麻婆豆腐等川菜，陶德砂锅、饕林餐厅都是不错的选择。

如果你喜欢辣的口味，那么这些美食会很合你胃口。如果预算有限，可以选择一些街边小店，味道也很正宗且价格实惠。如果预算较高，可以去一些环境较好的餐厅，享受更优质的服务。

5.3.2　菜谱定制，满足个性需求

豆包在菜谱定制方面可以满足你的个性需求。提问可以从以下几个角度展开：明确饮食限制，如"我是素食者，有哪些美味的素食菜谱"；描述特殊场景需求，如"我要举办一个户外野餐，适合的菜谱有哪些"；对比不同烹饪难度的菜谱，如"简单易做的菜谱和复杂精致的菜谱各有什么特点"；从食材可用性出发，如"用常见的食材能做出哪些新颖的菜谱"；从口味偏好入手，如"酸甜口味的菜谱有哪些"。

Q 我是一个素食主义者，想定制一份适合家庭聚餐的素食菜谱。请帮我设计一份包含主菜、配菜和甜点的菜谱，满足我的个性需求。同时提供一些我家人的口味偏好和烹饪设备供参考。

A 主菜可以是红烧茄子。将茄子切成条，油炸后用调料红烧，口感软糯，味道浓郁。

配菜可以有清炒时蔬，选择当季的蔬菜，如西蓝花、白菜等，清炒后保持蔬菜的原汁原味。还有凉拌豆皮，豆皮切丝，加入调料凉拌，口感爽滑。

甜点可以是水果沙拉，选择各种新鲜水果，如苹果、香蕉、草莓等，切成小块，加入沙拉酱拌匀。

如果家人喜欢酸甜口味，可以在红烧茄子中加入一些番茄酱。如果有烤箱等烹饪设备，可以做一些烤蔬菜，如烤南瓜、烤玉米等。

5.4　完美私人旅游攻略

一场美好的旅行，能让人邂逅美丽风景，领略别样风情，收获难忘的回忆。现在，豆包可以助你开启完美的旅行。它能为你精心规划旅游行程，推荐令人心驰神往的目的地，设计合理的路线让你畅享自然之美，还能提供舒适的住宿推荐，确保你的出行惬意无比。它还能帮你生成游记，记录下美好旅程的点点滴滴。让我们跟随豆包的指引，踏上精彩的旅行之路，去探索世界的每一个角落。

5.4.1 旅游规划，邂逅美丽风景

豆包在旅游规划方面可以助你邂逅美丽风景。提问时可以这样：明确旅游时间和预算，如"我有一周时间和五千元预算，能去哪里旅游"；描述旅游偏好，如"我喜欢海滨风光，有哪些适合的旅游地"；对比不同季节的旅游地，如"夏天和冬天去海滨城市旅游有什么不同体验"；从交通便利性出发，如"哪个海滨城市交通比较方便，适合自由行"；从旅游活动入手，如"在海滨城市可以参加哪些有趣的水上活动"。

Q 我打算去云南旅游，时间为一周。请帮我规划一个详细的旅游路线，包括昆明、大理、丽江等地，让我能够邂逅美丽的风景。同时提供一些我对旅游的兴趣爱好和预算限制供参考。

A 以下是一个一周的云南旅游路线规划。

第一天：抵达昆明

到达昆明后，入住酒店休息。可以选择靠近市中心或交通便利的地方。

晚上去昆明的南屏街逛逛，品尝当地美食，如过桥米线等。

……

第七天：丽江 – 返程

收拾行李，准备返程。

如果你的兴趣爱好是自然风光和历史文化，那么这条路线会很适合你。预算方面，可以根据自己的需求选择不同档次的酒店和交通工具。如果预算有限，可以选择青年旅社或民宿，乘坐公共交通工具。如果预算较高，可以选择高档酒店和包车游玩。

5.4.2 游记生成，记录美好旅程

豆包在游记生成方面可以帮你记录美好旅程。提问时可以这样：明确游记风格需求，如"我想要一篇文艺风格的游记，怎么开头比较好"；描述旅游经历的重点，如"我的旅

行中有很多美食体验，如何在游记中突出美食"；对比不同文体的游记，如"散文式游记和攻略式游记各有什么特点"；从情感表达出发，如"如何在游记中表达自己对旅游地的喜爱之情"；从图片搭配入手，如"游记中搭配哪些图片能更好地展现旅行的美好"。

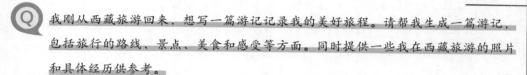

Q 我刚从西藏旅游回来，想写一篇游记记录我的美好旅程。请帮我生成一篇游记，包括旅行的路线、景点、美食和感受等方面。同时提供一些我在西藏旅游的照片和具体经历供参考。

A 《西藏之旅：心灵的朝圣》

一直以来，西藏那片神秘而圣洁的土地都在我的心中萦绕，终于，我踏上了这片梦想之地。

我的旅行路线从拉萨开始。刚到拉萨，便被那湛蓝的天空和雄伟的布达拉宫所震撼。布达拉宫屹立在红山之巅，气势恢宏，它不仅是一座建筑，更是藏文化的瑰宝。我沿着宫殿的台阶缓缓而上，感受着它的庄严与神圣。

接着，我前往纳木错湖。一路上，风景如画，雪山、草原、湖泊交相辉映。纳木错湖如同一颗璀璨的蓝宝石，镶嵌在高原之上。湖水清澈见底，微风拂过，泛起层层涟漪。站在湖边，我仿佛置身于仙境之中，心灵得到了洗礼。

在西藏，美食也是不可错过的体验。酥油茶、青稞饼、牦牛肉等都让我回味无穷。酥油茶浓郁的香味和独特的口感，让人在寒冷的高原上感受到温暖。青稞饼口感酥脆，带着淡淡的麦香。牦牛肉则肉质鲜嫩，营养丰富。

这次西藏之旅，让我收获满满。我不仅欣赏到了壮丽的自然风光，还感受到了独特的民族风情。在这片土地上，人们对信仰的虔诚和对生活的热爱深深地打动了我。每一座寺庙、每一个转经筒都承载着人们的希望和祝福。

看着我在西藏旅游的照片，那些美丽的风景和难忘的经历再次浮现在眼前。我会永远记住这片神奇的土地，它将成为我心中最珍贵的回忆。

（可根据提供的照片和具体经历进行更详细的描述和补充，使游记更加生动和真实。）

5.5 贴心日常生活助手

在日常生活的每一个角落，我们都渴望有一个贴心的伙伴，为我们排忧解难，增添色彩。豆包就是这样一位出色的日常生活助手。健身定制，帮助你塑造完美体魄，以更健康的状态迎接生活的挑战。售后维护，有力保障你的消费权益，让你购物无忧。穿搭灵感，让你彰显时尚魅力，成为生活中的一道亮丽风景。百科科普，拓宽视野，让你在知识的海洋中畅游。IT服务，解决各种技术难题，让你在数字时代轻松前行。跟随豆包，让日常生活变得更加美好、便捷，开启充满惊喜与活力的生活新篇章。

5.5.1 健身定制，塑造完美体魄

豆包在健身定制方面能够助力你塑造完美体魄。提问时可以这样：明确自身的健身目标，如"我想增肌，应该从哪些方面入手"；描述自身的身体状况和运动基础，如"我平时很少运动，身体比较虚弱，如何开始健身计划"；对比不同的健身方式，如"有氧运动和力量训练对于塑造完美体魄各有什么优势，我该如何选择"；从具体的健身项目出发，如"游泳对身体的哪些部位锻炼效果比较好，有什么注意事项"；从饮食配合角度出发，如"健身期间的饮食应该如何搭配才能更好地达到效果"。

Q 我想通过健身减肥并增强体质，我的目标是在3个月内减掉10公斤。请帮我制订一个详细的健身计划，包括运动项目、饮食安排和休息时间等方面，塑造完美体魄。同时提供一些我的身体状况和运动经验供参考。

A 以下是一个3个月的健身计划。

一、身体状况和运动经验参考

假设你身体基本健康，平时有一定的运动基础，但不规律。

二、运动项目

有氧运动

每周进行4～5次，每次40分钟左右的有氧运动，如慢跑、游泳、骑自行车等。这些运动……

适当休息

在运动后要给身体足够的时间恢复，可以进行一些轻松的活动，如散步、瑜伽

等，帮助肌肉放松，缓解疲劳。

每周安排1~2天的休息时间，让身体得到充分的恢复。

通过坚持这个健身计划，结合合理的饮食和充足的休息，你有望在3个月内实现减掉10公斤的目标，并增强体质。但要注意，每个人的身体状况和反应都不同，在实施计划的过程中要根据自己的实际情况进行调整。

5.5.2　售后维护，保障消费权益

豆包在售后维护方面可以帮助你保障消费权益。提问可以从以下几个角度展开：明确所购商品类型，如"我买了一台计算机，售后维护包括哪些方面"；描述商品出现的问题，如"我的计算机突然死机，这种情况在售后范围内吗，该怎么解决"；对比不同品牌的售后政策，如"和其他计算机品牌相比，这个品牌的售后在响应速度和解决问题能力上有何优势"；从时间节点出发，如"我的商品刚过保修期就出现问题，还有办法享受售后吗"；从维权途径入手，如"如果售后处理不满意，我可以通过哪些渠道维护自己的权益"。

Q 我最近买了一台计算机，出现了一些质量问题。我该如何进行售后维护，保障我的消费权益呢？同时提供一些计算机的故障现象和购买渠道供参考。

A 如果你的计算机出现质量问题，可以采取以下步骤进行售后维护。

一、故障现象和购买渠道参考

假设计算机出现频繁死机、蓝屏等故障，是在正规电商平台购买的。

二、售后维护步骤

查看保修政策

首先，查看计算机的保修卡或说明书，了解保修期限、保修范围等信息。

如果是在正规渠道购买的计算机，一般都有一定的保修期，可以享受免费维修或更换服务。

联系售后服务

根据计算机的品牌和购买渠道，联系相应的售后服务中心。可以通过官方网站、客服电话、在线客服等方式联系。

向售后服务人员描述计算机的故障现象，提供购买凭证和保修卡等信息，以便他们能够更好地为你提供服务。

……

如果维修时间过长或出现其他问题，可以向售后服务中心投诉，要求尽快解决问题。

通过以上步骤，你可以有效地进行售后维护，保障自己的消费权益。同时，在购买计算机时，要选择正规渠道和品牌，注意查看保修政策，以便在出现质量问题时能够及时得到解决。

5.5.3　穿搭灵感，彰显时尚魅力

豆包在提供穿搭灵感、彰显时尚魅力方面很有一手。可以这样提问：明确自身风格偏好，如"我喜欢简约风格，有哪些穿搭要点"；描述特定场合需求，如"参加正式晚宴，如何穿搭既得体又时尚"；对比不同季节穿搭，如"夏天和冬天的简约穿搭有什么不同"；从身材特点出发，如"我是梨形身材，怎样穿搭能扬长避短"；从流行元素入手，如"当前流行的某种元素如何融入日常穿搭"。

Q 我要参加一个正式的商务活动，需要一套得体的穿搭。请给我提供一些穿搭灵感。同时提供一些我的身材特点和活动的具体要求供参考。

A 以下是一些商务活动的穿搭灵感。

一、身材特点和活动要求参考

假设你身材适中，活动要求是正式着装。

二、穿搭建议

男士穿搭

西装套装：选择一套深色的西装，如黑色、深蓝色或深灰色。西装要合身，肩部和腰部线条要流畅。

……

女生穿搭

……

高跟鞋：选择一双黑色或裸色的高跟鞋，高度要适中，不宜过高或过低。

配饰：可以佩戴一些简约的首饰，如项链、手链和耳环等，提升整体气质。

手包：选择一个小巧精致的手包，颜色要与服装搭配协调。

在选择商务穿搭时，要注意颜色搭配、款式合身和质地优良。同时，要根据自己的身材特点和活动要求进行选择，展现出自己的专业形象和时尚魅力。

5.5.4　百科科普，拓宽知识视野

豆包在百科科普方面可以助力你拓宽视野。提问可以从以下方面展开：明确知识领域，如"关于天文学，有哪些有趣的现象"；描述特定概念疑问，如"量子力学中的纠缠现象是怎么回事"；对比不同学科，如"生物学和物理学在某些现象上有什么联系"；从实际应用角度出发，如"人工智能在日常生活中有哪些具体应用"；从历史发展入手，如"某个科技的发展历程是怎样的"。

Q 我对宇宙的奥秘很感兴趣，想了解一些关于黑洞的知识。请给我科普一下黑洞的形成、特点和研究进展等方面的知识，拓宽我的视野。同时提供一些我对天文学的基础了解和兴趣点供参考。

A 如果你对天文学有一定基础了解且对宇宙奥秘感兴趣，那么黑洞是一个非常吸引人的研究领域。

一、黑洞的形成

黑洞通常是由质量极大的恒星在其生命末期发生引力坍缩而形成的。当恒星的核燃料耗尽后，其核心无法再产生足够的热压力来抵抗自身的引力，它可能会坍缩。如果恒星的质量足够大，坍缩后的物体密度极大，引力也极强，使得任何物质，包括光，都无法逃脱其引力范围，这就形成了黑洞。

……

总之，黑洞是宇宙中最神秘的天体之一，对黑洞的研究不仅有助于我们深入了解宇宙的本质，也推动了物理学的发展。随着科技的不断进步，我们相信未来对黑洞的研究将会取得更多的突破。

5.5.5 IT服务，解决技术难题

豆包在IT服务方面能够帮你解决技术难题。提问时可以这样：明确技术问题类型，如"我的计算机总是卡顿怎么办"；描述软件使用情况，如"某个软件无法安装，是什么原因"；对比不同操作系统，如"Windows和macOS系统在处理某些问题上有什么不同方法"；从网络问题出发，如"网络连接不稳定，有哪些解决办法"；从硬件故障入手，如"计算机硬件出现故障，如何判断是哪个部件的问题"。

Q 我的笔记本突然死机了，无法开机。我该如何解决这个问题呢？

A 如果你的笔记本突然死机，无法开机，可以参考以下方法来解决问题。

一、基本检查与初步操作

……

二、硬件相关检查

……

三、软件与系统相关检查（需要进入BIOS或恢复模式）

……

四、寻求专业帮助

如果经过以上所有步骤后，笔记本仍然无法开机，那么很可能是存在比较严重的硬件故障，如主板损坏、显卡故障等。此时，建议你联系笔记本制造商的官方客服，向他们详细描述笔记本的故障情况及你已经尝试过的解决方法。他们可以根据具体描述提供进一步的维修指导，如建议你将笔记本送到官方售后维修中心进行专业检测和维修。

5.6 专业评论大师

在丰富多彩的生活中，我们常常渴望有一双敏锐的眼睛来帮助我们更好地理解和感受各种事物，而豆包，就是这样一位专业评论大师。无论是电影的奇幻世界、文学的深邃海

洋，还是音乐的动人旋律、美食的味蕾盛宴，抑或是科技的前沿动态、艺术的创作理念和时尚的潮流风向，豆包都能以专业的视角、细腻的分析和独到的见解，为你打开一扇通往不同领域魅力的大门。让你在欣赏、体验和探索的过程中，更加深入地领略作品的美妙与价值。跟随豆包的评论，开启一场充满智慧和感悟的发现之旅，丰富你的生活，拓展你的视野，让你成为一个更有品位、更具洞察力的生活鉴赏家。

5.6.1 电影分析，解读电影魅力

豆包在电影分析、解读电影魅力方面可以发挥重要作用。我们可以从不同角度向豆包提问，从而更好地领略电影的魅力。可以这样提问：明确电影类型和主题，如"这是一部科幻电影，主题聚焦对未来世界的探索，其独特之处在哪里"；描述关键情节和人物表现，如"电影中有个惊险的追逐情节，这个情节对故事发展有何推动，主角的表演怎么样"；对比同类电影，如"和其他科幻电影相比，这部在特效制作和剧情张力上有何优势"；提出具体疑惑点，如"电影结尾的悬念不太明白，能解释一下吗"。

Q 我刚看了《寄生虫》这部电影，想请你分析一下这部电影的魅力所在，包括剧情、主题、人物塑造、导演手法等方面。同时提供一些对电影的感受和疑问供参考。

A 电影《寄生虫》是一部充满魅力的作品，在多个方面都有出色的表现。

一、剧情

电影的剧情充满了戏剧性和张力。一个贫困的家庭通过各种手段得到了为一个富裕家庭工作的机会，看似生活开始好转，却逐渐陷入更深的危机。剧情层层递进，不断出现反转，让观众始终保持高度紧张。从一开始的巧妙欺骗到后来的冲突爆发，整个故事的发展既出人意料又在情理之中。

……

四、导演手法

导演奉俊昊运用了多种巧妙的手法来增强电影的表现力。在画面上，通过对比鲜明的场景设置，突出了贫富之间的差距，如贫困家庭居住的半地下室和富裕家庭的豪华别墅。在叙事上，节奏把握得恰到好处，紧张的情节和舒缓的段落相互交织，让观众的情绪得到充分的调动。同时，电影中的象征和隐喻也让故事更有深度。

如果对电影的感受是被其紧张的剧情所吸引，或者对其中展现的社会问题感到震

撼，那么可以进一步思考电影所传达的信息。如果有疑问，如为什么贫困家庭会选择这样的方式去改变命运，或者富裕家庭在面对危机时的反应是否合理等，可以从电影的主题和人物动机等方面去寻找答案。

5.6.2　图书品鉴，挖掘文学价值

与影评不同，书评注重对文字和结构的深度剖析。以《追风筝的人》为例，书评会更关注作者卡勒德·胡赛尼通过流畅的叙事和细腻的情感描写，对救赎与背叛的主题的探讨。书评的核心在于对人物心理的深层次理解，如阿米尔在自我救赎中的内心挣扎、哈桑的忠诚与无私。这些复杂的情感关系赋予了作品极强的张力和感召力。

豆包在分析图书时可以提供独到的见解，尤其是对文学作品的结构和象征意义的解读。例如，豆包可以帮助读者发现书中的隐喻和象征，分析作者如何通过细节推动情节发展，进而揭示出人物内在的情感逻辑。提问时可以这样做：确定图书的体裁与大致风格，如"这是一本现代诗歌集，风格清新自然，其亮点在哪"；分析关键语句和意象运用，如"书中有句'花开如梦，风过无痕'，这两个意象有何深意，诗句的表现力如何"；对比同类书籍，如"和其他现代诗歌集相比，这本在情感表达和语言上有何突出之处"；提出具体的困惑点，如"书中某个章节的主题我不太明确，能帮忙分析一下吗"。

Q　《追风筝的人》中的哈桑是个让人心疼的角色，作者想通过他的无条件忠诚表达什么？

A　哈桑的忠诚不仅体现了对友谊的坚守，也是对阶级压迫下道德选择的隐喻。作者通过哈桑的忠诚，反映了底层人物在充满压迫的社会中的无奈与悲剧命运。

5.6.3　音乐评论，感悟旋律之美

音乐评论的核心在于感受和分析旋律背后的情感表达。例如，肖邦的《夜曲》通过流畅的旋律和丰富的和声，传达了思乡与孤独的情感。音乐评论不同于影评和书评，其更关注听觉体验与情感共鸣。分析音乐时，豆包可以帮助听众理解作曲家如何通过旋律的转折、节奏的变化及和声的处理，实现独特的情感表达。

对于音乐，豆包可以提供技术性分析，如解释音乐中的调性转变、和弦走向如何营造情

感氛围，还能结合作曲家的生平背景帮助听众更好地理解作品。提问时可以这样：明确音乐的风格、类型，如"这是一首古典音乐作品，风格庄重典雅，其魅力何在"；阐述歌曲中的特色元素，如"这首作品的旋律中有一段特别的变奏，这段变奏对整首作品的氛围营造有何作用，乐器的搭配是否巧妙"；对比同类音乐，如"和其他古典音乐相比，这首在情感传达上有何优势"；提出具体疑问，如"我对作品中某个音符的处理不太理解，能否解释一下"。

Q 肖邦《夜曲》的旋律为什么这么让人感动？其中有什么特别的音乐元素？

A 肖邦通过缓慢的旋律与柔和的和声，将孤独与思乡的情感表达得淋漓尽致。特别是旋律中的起伏和细微的节奏变化，赋予了音乐丰富的情感层次。

5.6.4 科技评测，把握前沿动态

科技评测关注科技产品的性能与用户体验。例如，在智能手机的评测中，豆包可以帮助分析处理器性能、拍照效果及电池续航能力。对于科技产品，评测不仅要探讨产品的创新技术，还要分析这些技术如何影响日常使用体验。

豆包在评测科技产品时，能够提供详细的性能对比，甚至分析技术背后的原理。例如，豆包可以帮助用户理解处理器性能对手机运行速度的影响，或者解释相机镜头的光学原理。提问时可以这样：确定科技产品的类型，如"这是一款新型智能手机，它有何突出特点"；析产品的性能参数，如"这款手机的处理器性能如何，对日常使用有哪些影响"；对比同类产品，如"和其他智能手机相比，这款在拍照功能和续航能力上有何优势"；从实际体验角度出发，如"使用这款手机玩游戏时的流畅度怎么样，有哪些使用建议"；从科技发展趋势出发，如"这款手机的某些技术是否代表了未来的发展方向"。

Q 我想买一款拍照好看的手机，请帮我分析一下当前市场上哪个品牌的手机拍照性能更好。

A 在目前的市场上，品牌X的手机拍照功能表现出色，拥有大光圈和多焦段镜头，适合各种拍摄场景。同时，其AI增强功能可以提升夜景拍摄效果。

第 **6** 章

豆包智能体
——"术业
有专攻"

前面的章节详细介绍了豆包在学习、工作和生活中的广泛应用，展示了它作为一个"全能型专家"的强大能力。豆包能够执行多种任务，包括问答、文案撰写、图片生成和信息提炼等，均表现出色。然而，每次使用时，我们都需要通过提示语让豆包在不同的专家角色间切换，以回答各领域的问题，这样操作起来有些烦琐，那么是否可以为豆包预先设定一个固定身份？例如，作为一名文学爱好者，我希望豆包能够直接扮演诗人的角色，这样就无须每次提问时都添加额外的提示语。答案是肯定的，这就是"豆包智能体"的概念。

6.1 豆包中的智能体

豆包可以化身为各个领域的专家，不必局限于全面型的角色。实际上，许多智能体并不像豆包那样具备综合能力，它们通常专注于某一个特定领域，更加专精，如写作助手、陪聊机器人、英语学习辅导或游戏攻略解读智能体等。这些智能体在各自的专业领域内拥有卓越的表现，体现了"术业有专攻"的优势。

6.1.1 发现AI智能体

在豆包的主页中，在左下方可以看到"发现AI智能体"选项，单击后会进入图6-1所示的页面，其中有各种不同类型的智能体。"EXCEL大全"就是一个擅长Excel的智能体。

图 6-1

进入"EXCEL大全"智能体，可以看到它的用户量和创建人，并可在页面下方的输入框与它对话，如图6-2所示。

图 6-2

单击"添加到对话"按钮，智能体就会被添加到"我的智能体"中，用户可以开始和它进行对话，如图6-3所示。

图 6-3

　　单击智能体名称右边的 ··· 图标，可以删除和这个智能体的对话，如图6-4所示。

图 6-4

6.1.2　创建自己的智能体

　　"EXCEL大全"智能体的创建人是"十里"。用户是否可以创建自己的智能体呢？答案是肯定的。在"发现AI智能体"页面，单击"创建AI智能体"按钮，如图6-5所示。

图 6-5

进入"创建AI智能体"页面，在"名称"栏中输入智能体的名字，在"设定描述"中输入智能体的角色设定。"设定描述"非常重要，不同的智能体之所以有不同的功能，就在于它们的设定描述不同，如图6-6所示。

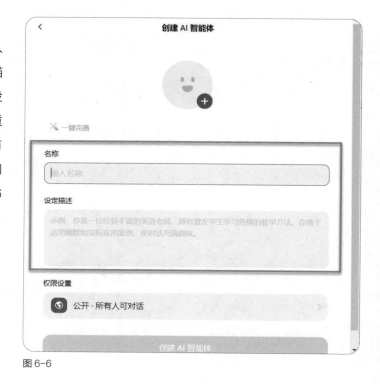

图 6-6

下面以创建一个诗人智能体为例进行说明。在"设定描述"中输入如下内容。

Q 这位古代天才诗人，出身书香世家，自幼博览群书，文采卓越。他风雅脱俗，常游历山水之间，以天地为师、自然为友，创作了无数脍炙人口的诗篇。他的诗句典雅而又深刻，饱含对人生的哲思与对自然的敬仰。他外表俊朗，身着宽袍，气质儒雅中带有洒脱，随时随地吟诗作赋，言辞间充满智慧与洞见。

A •身份与背景：角色是一个生活在古代的天才诗人，出身书香世家，自幼接受严格的文化教育，对经史子集有深入的研究，擅长即兴作诗。

- 个性特征：这个诗人文采斐然，风雅脱俗，但性情豪放不羁。他既有大局观，又不拘泥于世俗礼法，常以诗抒情，表达对自然、人生、社会的深刻见解。
- 语言风格：语言优雅，辞藻华丽，带有古典文学的韵律感。他的表达充满了哲理，往往能通过简短的诗句揭示深刻的道理。
- 诗歌主题：他的诗歌多以自然、山水为主题，常反映出他对人生的思考。诗中融入了对天地万物的热爱与哲理思辨，表达的情感丰富而深邃。
- 外在形象：他通常穿着古代文人的衣袍，风度翩翩，随身带着纸笔，随时随地作诗。眼神深邃，眉宇间透露出对万物的洞察力。

输入"名称"和"设定描述"后，还可以添加头像，也可以直接单击"一键完善"按钮，自动补全这些信息，如图6-7所示。

图6-7

最后，在"权限设置"列表中设置权限。如果用户希望这个智能体被公开使用，则选择"公开·所有人可对话"；如果只希望分享给好友，则选择"不被发现·通过链接分享可对话"；如果只想自己使用，则选择"私密·仅自己可对话"。这里选择"公开·所有人可对话"选项，单击"确定"按钮，如图6-8所示。

图6-8

单击"创建AI智能体"按钮，在弹出的对话框中单击"公开"按钮，如图6-9所示，这个智能体将被公开使用，其他用户可在"发现AI智能体"页面中搜索到它。

图6-9

设置了权限后，用户的智能体就创建完成了，会出现在左侧"我的智能体"下，经过官方审核，就可以生效了。为了营造健康安全的社区环境，豆包会对用户创建或修改的智能体进行审核，包括智能体的头像、名称和设定。不过不用担心，审核期间创建者仍然可以与智能体正常互动，如图6-10所示。

图 6-10

可以尝试问这个智能体："能作首山水诗吗？"，可以看到智能体的回复符合它的身份定位，如图6-11所示。

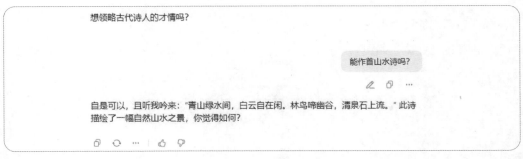

图 6-11

快来试试创建一个属于你的智能体吧！想象一下，大家都在使用你设计的智能体，是不是特别有成就感？赶快行动，创造出独一无二的智能伙伴！

6.1.3 查看自己的智能体

创建以后，还可以查看自己创建的智能体，具体步骤如下。

1.打开豆包客户端，单击右上角的用户图标，选择"设置"，如图6-12所示。

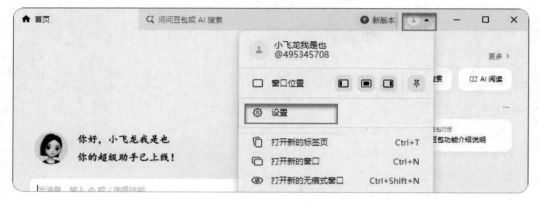

图 6-12

2.单击用户名和豆包号下方的"4个智能体"文字，如图6-13所示。具体数字会因创建数量的不同而不同。

图 6-13

3.在新开启的页面即可看到已创建的智能体，如图6-14所示。

图 6-14

6.1.4 修改/删除创建的智能体

豆包自带的及他人创建的智能体都是不可以修改和删除的，用户只能修改和删除自己创建的智能体，操作方法如下。

1.依照6.1.3小节中的方法，查找到用户创建的所有智能体。

2.单击需要修改的智能体，进入此智能体的对话页面，单击右上角的…图标，在右侧弹出的面板中可修改智能体的角色设定、语言和权限，如图6-15所示。

图6-15

3.单击"角色设定"，就可以修改名称、设定描述的内容，修改后单击"完成"按钮，如图6-16所示。

图 6-16

要删除智能体，可以单击页面右上角的…图标，如图6-17所示。

可以删除聊天记录或者智能体，如图6-18所示。

图 6-17

图 6-18

6.1.5　分享创建的智能体

打开需要分享给别人的智能体，单击右上角的凸图标，如图6-19所示。用户会获得一个链接，将链接发给好友，好友在浏览器中打开就可以使用此智能体了。

图6-19

若不再想公开创建的智能体，可以将权限设置为"不被发现·通过链接分享可对话"，如图6-20所示。

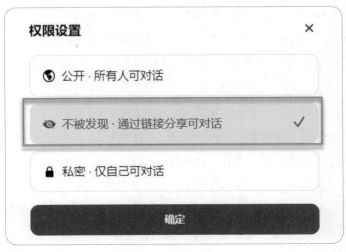

图6-20

6.2 豆包智能体应用实例

在当今的数字化时代，豆包智能体的惊艳登场为人们的工作、学习等诸多方面带来了更多的可能性。随着豆包软件的广泛运用，热心的用户开发的公开智能体如雨后春笋般不断涌现。这些智能体以强大的功能和广泛的适用性，正逐步成为人们提高效率、拓展思维的绝佳助手。如今，我们无须再费力自己开发智能体，因为众多热心用户已经打造出了数量繁多、种类丰富的智能体。本节将深入介绍不同豆包智能体在多个领域的应用实例，让我们一同感受其独特魅力。

6.2.1 工作类智能体应用

下面是两个用户量较大的工作类智能体，我们逐个试用一下，领略其本领。

智能体1.PAS销售文案

Q 我们公司推出了一款新的健身器材，但市场竞争激烈，我需要一篇能够打动客户的销售文案。你能帮我写一篇PAS销售文案吗？

A PAS销售文案：

问题（Problem）：在繁忙的现代生活中，人们越来越缺乏运动，身体逐渐变得虚弱和肥胖。长时间的久坐工作，加上不健康的饮食，让我们的身体承受着巨大的压力。肌肉松弛，心肺功能下降，体能越来越差，甚至爬几层楼梯都会气喘吁吁。

煽动话术（Agitate）：您是否意识到，这样的身体状况不仅影响您的日常生活质量，还可能为未来的健康埋下严重的隐患？肥胖可能引发心血管疾病，虚弱的身体让您更容易生病，缺乏活力让您无法尽情享受生活的美好。想象一下，因为身体的原因，您无法陪伴孩子尽情玩耍，无法在旅游时轻松漫步、欣赏风景，甚至可能在关键时刻无法应对工作的挑战，这是多么令人沮丧和无奈的事情。

解决方案（Solution）：我们公司全新推出的这款健身器材，将是您改变现状的绝佳选择！它小巧轻便，空间占用少，无论您是在家还是在办公室，都能随时随地进行锻炼。多种锻炼模式，满足您不同的健身需求，无论是增强心肺功能，还是塑造完美身材，它都能助您一臂之力。使用这款健身器材，您将逐渐恢复健康活力，拥有强壮的体魄，以更好的状态迎接生活和工作的每一个挑战。别再让身体的问题困扰您，现在就行动，选择我们的健身器材，开启您的健康之旅！

智能体2.思维模型专家

Q 我是一名产品经理，最近遇到了产品迭代的瓶颈，团队内有不同的意见，导致难以推进项目。你能提供一种思维模型帮助我们分析问题并做出决定吗？

A 我为你找到的思维模型是"六项思考帽"。

定义：六项思考帽是英国学者爱德华·德·博诺博士开发的一种思维训练模式，它用6种不同颜色的帽子来代表6种不同的思维模式。白色思考帽代表客观的事实和数据；红色思考帽代表情绪和直觉；黑色思考帽代表谨慎和负面的思考；黄色思考帽代表积极和乐观的思考；绿色思考帽代表创新和创造力；蓝色思考帽代表控制和组织思考的过程。

建议：作为产品经理，你可以组织团队成员进行一场"六项思考帽"的讨论。首先，大家一起戴上白色思考帽，收集关于产品目前状况的所有事实和数据。然后戴上红色思考帽，让大家分享对产品迭代的直观感受和情绪。接着戴上黑色思考帽，分析产品迭代可能面临的问题和风险。再戴上黄色思考帽，找出产品迭代的积极方面和潜在机会。之后戴上绿色思考帽，鼓励大家提出创新的想法和解决方案。最后，由你戴上蓝色思考帽，总结讨论结果，确定下一步的行动方向。

例子：一个软件开发团队在讨论新功能的添加。首先大家戴上白色思考帽，列出目前软件的用户反馈、市场趋势等数据。接着戴上红色思考帽，有人表达对新功能的期待和兴奋。然后戴上黑色思考帽，指出可能存在的技术难题和时间成本。再戴上黄色思考帽，强调新功能可能带来的用户增长和收益。之后戴上绿色思考帽，提出多种实现新功能的创新方法。最后蓝色思考帽总结，决定先进行技术可行性研究，再根据结果推进新功能开发。

6.2.2 学习类智能体应用

这里有两个用户量较大的学习类智能体，让我们一同探索，领略其独特魅力。

智能体1.小学数学辅导

Q 我的孩子四年级，最近在学习分数加法时总是出错，尤其是当分母不同的分数相加时他会困惑。例如，题目是1/4+2/3，他不知道该如何处理不同的分母，总是直接把分母相加。请问如何正确地帮助他解答这类问题？

A 对于这种情况，您可以这样帮助孩子：

首先，跟孩子解释分母不同意味着分数所代表的"份数"大小不一样。就像把一个蛋糕切成4份和切成3份，每一份的大小是不同的。

对于像1/4+2/3这样分母不同的分数相加，第一步要先找到两个分母4和3的最小公倍数，也就是12。

然后，把1/4变成3/12（分子分母同时乘以3），把2/3变成8/12（分子分母同时乘以4）。

这时候，两个分数的分母相同了，就可以直接把分子相加，得到3/12+8/12=11/12。

让孩子多做一些类似的题目，慢慢熟悉这个过程，就能熟练掌握不同分母的分数相加的方法啦。您看这样解释您清楚了吗？

智能体2.掌上科技馆

Q 我想培养孩子的科学兴趣，但不知道如何让他对科技产生强烈的好奇心。你能推荐一个有趣的科学现象，并通过简单的实验引导孩子理解吗？

A 可以试试"彩虹泡泡"这个有趣的科学现象。

现象介绍：当我们用泡泡水吹泡泡，在阳光下可以看到泡泡上五彩斑斓的颜色，就像彩虹一样。

现象原理：这是因为白光其实是由多种颜色的光混合而成的，分别是红、橙、黄、绿、蓝、靛、紫7种颜色。当太阳光照射到泡泡上时，泡泡的薄膜就像一个三棱镜，会把白光分解成不同颜色的光，这就是光的色散现象。

实验方法：准备一些洗洁精、水、白糖、一个小杯子、一根吸管、一个浅盘。在小杯子里倒入一些洗洁精和水，再加入一点白糖搅拌均匀，这样可以让泡泡更坚固。然后，用吸管蘸取泡泡水，在浅盘上方轻轻吹出泡泡。带着孩子在阳光下观察泡泡的颜色变化。

技术亮点：这个实验简单易操作，材料都是生活中常见的物品。这个实验可以让孩子直观地看到光的色散现象，激发他们对光学知识的好奇心。

创新性：利用常见物品制造出有趣的科学现象，让孩子在玩耍中学习科学知识。

发展背景：光的色散现象是由牛顿发现的，他通过三棱镜实验揭示了白光的组成。这个现象在日常生活中也很常见，如彩虹的形成也是由于光的色散。

潜在应用环境：可以在家中或学校的科学课上进行这个实验，帮助孩子理解光学知识，也可以在户外游玩时，随时随地进行这个实验，增加孩子对大自然的好奇心。

6.2.3 创作类智能体应用

以下是两个用户量较大的创作类智能体，快来逐一体验，释放你的创作潜能。

智能体1.爆款写作

Q 我要写个文章，主题是送男朋友的礼物清单，请给出标题和行文建议。

A ❶ 送男友礼物清单，宝藏满满

❷ 男友礼物秘籍，建议收藏

❸ 送男友礼物，不踩雷清单快来看

❹ 你不送这些礼物绝对会后悔

❺ 男友礼物清单，都是压箱底好物

❻ 送男友，还得是这些礼物

❼ 男友礼物清单，有手就能选

⑧ 男友礼物，女生必备清单

⑨ 送男友礼物，压箱底清单推荐

⑩ 男友礼物清单，赶紧收藏

行文建议：

一、开头

情绪：愉快

写作手法：对比

男生们总是在各种节日绞尽脑汁为我们准备礼物，我们女生也不能落后呀！今天就来给大家分享一份超棒的送男友礼物清单，让你的他感受到满满的爱意。

二、主体内容

❶ 介绍挑选礼物的原则，如要从男友的兴趣爱好、实用性、独特性等方面来考虑。

❷ 分类列举礼物。

电子产品类：如果男友喜欢科技产品，可以考虑无线耳机、智能手表等。

运动装备类：如果他热爱运动，一双好的运动鞋、一个运动手环都是不错的选择。

时尚单品类：皮带、钱包、领带等。

兴趣爱好相关：如果他喜欢读书，可以送一本他一直想读的书；喜欢游戏，一款游戏手柄也许能让他开心。

❸ 对每个礼物进行简单的描述，包括特点、优势和为什么适合送男友。

三、结尾

再次强调这份礼物清单的用心之处，鼓励大家勇敢地表达对男友的爱，送出这些精心挑选的礼物，让感情升温。

智能体2.写剧本

Q 我在写一部都市爱情短片的剧本，如何设计一段对话来增加冲突，同时展现人物内心的情感波动？

A 以下是一段可能出现在都市爱情短片中的对话，来增加冲突并展现人物内心的情感波动：

场景：一个热闹的餐厅，男主和女主面对面坐着，气氛紧张。

女主（愤怒且带着失望）："你说你会改变，可结果呢？还是每天只知道工作，把我丢在一边！"

男主（无奈又着急）："我这么拼命工作还不是为了我们的未来，为了能给你更好的生活！"

女主（泪水在眼眶里打转）："可我现在只想要你的陪伴，钱真的有那么重要吗？"

男主（声音提高，情绪激动）："你怎么就不能理解我？没有物质基础，我们的爱情能走多远？"

女主（猛地站起来，声音颤抖）："那你就和你的工作过一辈子吧！"说完转身就要走。

男主（一把拉住女主的手，语气软下来，带着哀求）："别走，我知道我错了，给我一个机会好不好。"

女主（停下脚步，背对着男主，抽泣着）："我已经给你太多机会了，我不知道还能不能相信你。"

6.2.4　绘画类智能体应用

这两个用户量较大的绘画类智能体，带你走进绚丽多彩的绘画世界。

智能体1.宫崎骏风格插画

Q 我想要一幅宫崎骏风格的插画，希望能展现出大自然的宁静与幻想元素相结合的画面，如森林、湖泊及奇幻生物之间的互动场景。同时，让画面充满童话般的色彩和梦幻感。

A 生成的图片如图6-21所示。

图6-21

智能体2.国风山水画

Q 我很喜欢中国传统山水画，想要一幅以青山绿水为背景的画作，要求有层次感，内容包括远处的群山、近处的小溪与桥，并营造出清新宁静的氛围。

A 生成的图片如图6-22所示。

图6-22

6.2.5 生活类智能体应用

下面两个用户量较大的生活类智能体，是你生活中的好帮手。

智能体1.电影解析

Q 我最近看了《星际穿越》，但对其中的黑洞理论和时间膨胀现象有些困惑，能用简单的语言为我解释一下吗？

在电影《星际穿越》中，黑洞理论和时间膨胀现象是非常关键的科学概念。

首先，黑洞是一种极其强大的引力源，它的引力强大到连光都无法逃脱。在电影中，主角库珀等人前往的星系中心就存在一个巨大的黑洞。这个黑洞的存在使得其周围的时空产生了极大的扭曲。

时间膨胀现象是一种相对论效应，当物体接近光速运动或者处于强大的引力场中时，时间会变慢。在电影中，库珀等人接近黑洞时，时间就发生了膨胀。这意味着黑洞附近的时间流逝速度与地球上的时间流逝速度不同。

例如，库珀在黑洞附近的行星上停留了几个小时，而地球上可能已经过去了几十年。这种时间膨胀现象使得库珀与他的女儿之间产生了巨大的时间差距。

电影通过这些科学概念，展现了人类在探索宇宙时遇到的巨大挑战和奇迹。同时，也引发了人们对于时间、空间和人类存在意义的深刻思考。

从电影的情节发展来看，黑洞和时间膨胀现象推动了故事的发展。库珀等人冒险前往黑洞附近的行星，是为了寻找人类的新家园，而时间膨胀现象则使得库珀在完成任务后，与女儿之间的情感冲突更加深刻。他错过了女儿的成长，为人类的未来做出了巨大的牺牲。

总的来说，《星际穿越》中的黑洞理论和时间膨胀现象不仅是科学上的奇观，也是电影主题和情节的重要支撑。它们让观众感受到了宇宙的神秘和人类的渺小，同时也激发了人们对于科学和未来的无限憧憬。

智能体2.礼物推荐

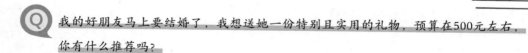 我的好朋友马上要结婚了，我想送她一份特别且实用的礼物，预算在500元左右，你有什么推荐吗？

礼物名称：高品质的床上四件套

推荐理由：新婚夫妇会很需要新的床上用品来装点新房，高品质的四件套能提供舒适的睡眠体验，也象征着对他们美好生活的祝愿。

挑选建议：选择温馨、喜庆的花色，提前了解他们床的尺寸，确保合适。

礼物名称：精致的餐具套装

推荐理由：婚后的日常生活中，一套漂亮的餐具能为用餐增添不少情趣。

挑选建议：可以选择简约时尚的款式，适合各种场合使用。

礼物名称：空气炸锅

推荐理由：方便烹饪各种美食，实用又健康，适合新婚小家庭。

挑选建议：附上一些简单美味的空气炸锅食谱，让他们轻松上手。

礼物名称：家用香薰机

推荐理由：能营造温馨浪漫的氛围，舒缓身心，为新家增添温馨感。

挑选建议：搭配一些喜欢的香薰精油一起送出。

礼物名称：多功能养生壶

推荐理由：可以煮茶、熬粥、煲汤等，满足日常养生需求。

挑选建议：给他们推荐几种适合新婚夫妇的养生食谱。

礼物名称：智能扫地机器人

推荐理由：帮助减轻家务负担，让新婚夫妇有更多时间享受二人世界。

挑选建议：提前帮他们设置好工作模式和时间。

礼物名称：小型家用投影仪

推荐理由：在家就能享受影院般的观影体验，增加生活乐趣。

挑选建议：附带几张热门电影的碟片。

礼物名称：情侣按摩靠垫

推荐理由：工作一天后可以放松身心，增进夫妻感情。

挑选建议：告诉他们如何按摩不同的身体部位。

礼物名称：精致的化妆镜

推荐理由：方便好朋友日常化妆和整理仪容。

挑选建议：选择带有灯光调节功能的化妆镜。

礼物名称：优质的蓝牙音箱

推荐理由：可以在家中播放喜欢的音乐，营造浪漫氛围。

挑选建议：提前下载几首适合新婚的甜蜜歌曲。

第 **7** 章

豆包 App
—— 您的贴
心私人助理

豆包App与计算机客户端一道，为用户带来跨平台的智能体验。豆包App专为移动设备优化，提供便捷的使用体验，尤其是在聊天功能上支持语音对话，用户可直接发送语音消息或与豆包通话。

7.1 豆包App的注册与登录

可以直接在手机自带的应用商城中搜索"豆包"，找到并下载安装包，如图7-1所示。

安装完成后，打开App并注册账号。如果已经有账号，可以直接登录。登录方式有两种，一种是"抖音一键登录"，另一种是"手机号登录"，如图7-2所示。

图 7-1

图 7-2

抖音和豆包都是字节跳动旗下的产品，如果用户已经在使用抖音App，可以在勾选同意协议后点击"抖音一键登录"。点击后，进入图7-3所示的页面，点击"同意授权"，直接进入豆包App。

用户也可以用手机号登录，勾选同意协议，点击"一键登录"，默认使用本机号码登录，当然也可以使用其他手机号登录，如图7-4所示。

图 7-3

图 7-4

登录以后，可以在App右下角点击👤图标，再点击"编辑个人资料"按钮，以修改昵称和豆包号，如图7-5所示。

在新页面修改昵称和豆包号后，点击右上角的"完成"按钮以生效，如图7-6所示。

回到图7-5所示页面，点击右上角的⚙图标，进入"设置"页面，如图7-7所示。

图 7-5

图 7-6

图 7-7

点击"背景设置"选项，可以设置App背景，有3种模式可以选择："跟随系统""浅色模式""暗色模式"，如图7-8所示。

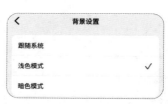

图 7-8

点击"字号调整"选项，在打开的页面下方拖动滑块，可以调整字号，如图7-9所示。

在"账号设置"中可以修改账号关联的手机号，也可以解绑抖音号，还可以删除账号，如图7-10所示。

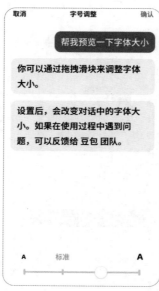

图 7-9

图 7-10

7.2 语音输入，开启便捷沟通

豆包App最大的亮点之一就是支持用户语音输入。如图7-11、图7-12所示，点击输入框右侧的 🎙 图标，然后按住出现的"按住说话"按钮，并对着手机说出想表达的内容，豆包就可以快速准确地识别你的语音，并将其转化为文字。

这一功能对于那些不太方便打字或者打字速度比较慢的用户来说，是十分友好、贴心的。想象一下，以往可能因为打字慢而在与人交流或者记录想法时感到费劲又耗时，但是有了豆包App的语音输入功能，这些烦恼就都不见了。

此外，还可以点击右上角的 📞 图标，直接和豆包语音通话。

如此一来，豆包就仿佛化身为你最贴心的伙伴，无论你是在闲暇的午后想要聊天解解闷，还是在忙碌的间隙想要倾诉一下此刻的心情，抑或是在遇到问题时渴望得到一些建议和解答，它都能随时随地陪伴在你身边，与你畅快地聊天互动，给你带来无比便捷又温暖的使用体验。

下面以和名人聊天为例说明用法。

在App下方，点击"发现"按钮🔍，如图7-13所示，然后在上方搜索框中输入"苏轼"。

可以看到有很多"苏轼"，这些都是智能体。任选一个，就可以开启对话，如图7-14所示。

图 7-11

图 7-12

图 7-13

图 7-14

可以按住下面的"按住说话"按钮，和苏轼智能体对话，如图7-15所示，也可以点击上方的📞图标，和苏轼智能体直接打电话，如图7-16所示。

豆包让你可以和诗人直接对话，还担心语文学不好吗？

在豆包App里面，还可以和英语外教智能体口语对话，彻底解决"哑巴英语"的问题，如图7-17所示。

图 7-15

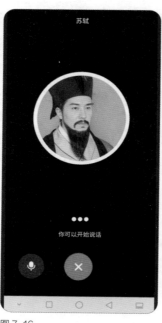

图 7-16

图 7-17

7.3　拍照识别，快速获取内容

豆包App可以调用手机的拍照和相册功能来上传图片，从而进行图片解析。相比于计算机端，App拍照上传的方式更为便捷。

下面以批改作业为例进行说明。

在App下方点击"发现"按钮，然后在上方搜索框中输入"批改"，可以看到许多批改作业的智能体，如图7-18所示。

图 7-18

使用"口算批改"智能体，点击输入框中的 ◎ 图标，拍照上传一篇口算作业，豆包很快就给出了批改意见，如图7-19所示。

使用"作文批改助手"智能体，拍照上传一篇语文作业，如图7-20所示。

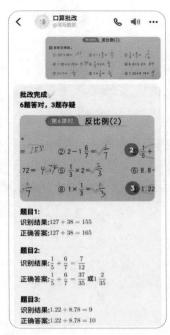

图 7-19

图 7-20

豆包给出的批改意见如下。

Q 这篇文章语言优美，以独特的视角阐述快乐，借倾听妈妈的话表达对爱的理解，情感真挚。

亮点

善用比喻，生动形象：将快乐比作清凉透彻的潭水和温暖明亮的春天，使抽象的快乐变得具体可感。

建议

丰富事例支撑：文中对倾听妈妈的话及收获快乐的描述较简略，可补充具体事例，增强说服力。

增添环境烘托：适当描写周围环境，如雨后的清新景色，以更好地映衬内心的快乐。

优化建议1

可以使用排比的修辞手法，进一步丰富对快乐的描述，增强语句的感染力。

润色结果

快乐不同于往常，它如潭水一般清凉透彻，像春天一样温暖明亮，似繁星一样璀璨耀眼。

优化建议2

可以增加环境描写和心理描写，让情感表达更细腻。

润色结果

不知何时，那淅淅沥沥的雨悄然停歇，伴随着妈妈走进厨房那熟悉而温暖的背影，我仿佛听到了花开的声音，那是心灵绽放的声响。是的，我学会了倾听，倾听妈妈那充满关爱的话语，让我深深懂得了什么是爱。在这静静的倾听中，我满心欢喜，收获了无尽的快乐，内心也变得无比充实和满足。

　　使用"英语作文批改助手"智能体，拍照上传一篇英语作文，豆包很快就给出了作文的修改意见，如图7-21所示。

　　豆包的能力可不限于此，用户可使用"大学生拍题神器"智能体，给它一道考研数学题，豆包也能准确地完成运算，给出正确答案，如图7-22所示。

图 7-21

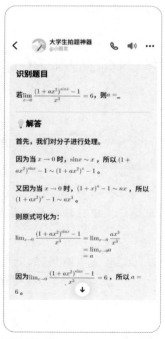

图 7-22

7.4 帮我写作，快速生成文字

当下，人们常常需要用手机直接发邮件、发朋友圈、发小红书等，此时可以使用豆包App的"帮我写作"功能来提高效率。

下面以写一篇介绍墨水屏手机的小红书文案为例进行说明。

在对话页面里的输入框上方，点击"帮我写作"按钮，输入创作的内容方向，再选择创作类型、文字要求，包括写作风格、长度、语言，如图7-23所示。

图 7-23

豆包很快就生成了一份小红书文案，可以直接复制到小红书App中发送，如图7-24所示。

如果在网上聊天时遇到不知道如何回复的情况，可以找一些高情商回复类智能体助你解围，如图7-25所示。

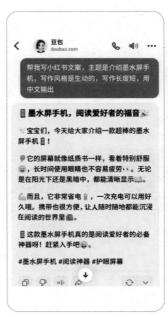

图 7-24

图 7-25

7.5 听听音乐，独一无二的歌

豆包App也可以点歌，如图7-26所示。

在输入框上方点击"来点音乐"按钮，豆包将直接化身为音乐播放器，为用户推送歌曲，如图7-27所示。

图 7-26

图 7-27

在输入框上方点击"音乐生成"按钮，可以根据模板生成音乐，可以让豆包写歌词，也可以自定义歌词，如图7-28所示。

可以下载这首独一无二的音乐，也可以发送给朋友，如图7-29所示。

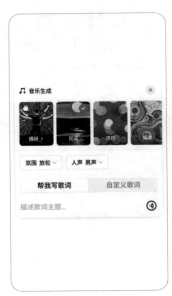

图 7-28

图 7-29

7.6 用豆包App创建智能体

在用豆包App创建智能体时，可以定制声音，实现个性化互动。

点击App页面下方的"创建"按钮直接进入创建页面，或者在"对话"页面单击右上角的"+"按钮，选择"创建AI智能体"以进入，如图7-30所示。

在"创建AI智能体"页面，用户可参照前面介绍的方法，输入智能体信息，如图7-31所示。

图 7-30

图 7-31

设置开场白，并开启"建议回复"功能，为智能体推荐回复，如图7-32所示。

最后选择"声音"选项。在App里面，有许多内置的声音，用户可以挑选自己喜欢的声音，如图7-33所示。

图 7-32

图 7-33

当然，用户也可以录制自己的声音。点击"克隆我的声音"按钮，会弹出一段话，按住下面的"按住录制"按钮，然后朗读这段话，即可录制自己的声音，如图7-34所示。

录制结束后，可以看到自己的声音出现在"我的"列表里，选择一个作为智能体的声音即可，如图7-35所示。同样可以录制家人的声音，实现随时随地"和家人对话"。

如果使用了家人的声音，建议将智能体权限设置为"私密·仅自己可对话"，如图7-36所示。

图 7-34

图 7-35

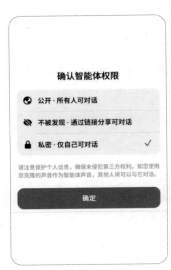

图 7-36

设置完后，用户的智能体就创建完成了，如图7-37所示。

在"发现"页面搜索"职场导师"，可以看到刚刚创建的智能体，如图7-38所示。

图 7-37

图 7-38

点击智能体，可以看到设置的开场白，如图7-39所示。

与它对话，开启聊天，如图7-40所示。

点击右上角的…图标，进入智能体设置页面，再次在相同的位置点击…图标，会弹出"删除聊天记录"和"删除AI智能体"选项，在页面下方还有"清除上下文"选项，如图7-41所示。

图 7-39

图 7-40

图 7-41

"删除聊天记录"是指清空聊天记录；"删除AI智能体"是指删除这个智能体；"清除上下文"只是结束一段对话，如图7-42所示。

除了自己创建的智能体，豆包App内还有各种各样的智能体，如图7-43所示。

图 7-42

图 7-43

在这个科技飞速发展的时代，豆包App宛如一座蕴藏着无尽智慧宝藏的神秘城堡，而其中各种各样的智能体，无疑就是那一颗颗璀璨夺目的明珠，正静静地等待着你去探索。

每一个智能体都像是一位身怀绝技的高手，它们拥有独特的能力和专长，能够在不同的领域为你提供精准、高效且贴心的服务。无论是帮你解答那些深奥晦涩的学术难题，还是在你创作灵感枯竭时给予恰到好处的启发；无论是协助你轻松管理日常繁杂的事务，还是陪伴你畅聊人生感悟、分享喜怒哀乐，这些智能体都能凭借其卓越的表现，成为你学习、工作、生活中的得力助手。

当你轻轻开启豆包App的大门，踏入这片充满无限可能的智能世界，你便开启了一场精彩纷呈的探索之旅。在这个过程中，你会不断发现惊喜，不断感受科技与智能所带来的独特魅力。所以，别再犹豫了，快来深入探索豆包App里那些奇妙的智能体吧，相信它们一定会为你打开一扇又一扇通往便捷与智慧的大门，陪伴你书写更加精彩的人生篇章。